JN485161

집합과 함수에서 적분까지

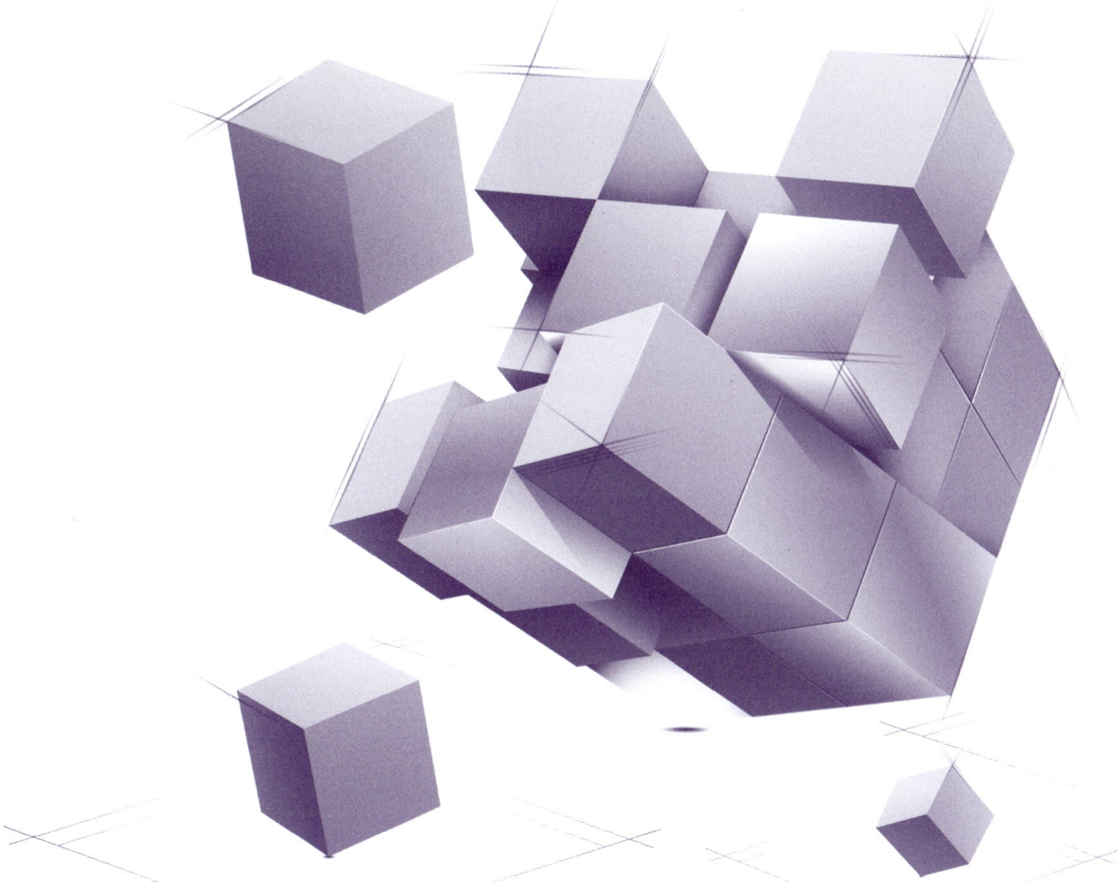

기초수학 제2판

우경수 · 권태인 · 김석찬 · 이수철 · 김영호 · 공수련 지음

KM 경문사

머리말

현대사회는 지식기반의 정보화 시대로써 모든 사회 문명이 과학기술에 바탕을 두고 있다. 이러한 사회에 적응하고 적극적으로 선도해 나가기 위해서는 새로운 지식과 기술을 창출할 수 있는 창의력과 사고력이 절실히 요구된다.

수학을 공부하는 목적은 논리적으로 사고하고 합리적으로 문제를 해결하는 능력, 즉 창의력과 사고력을 증진시키는 것이며, 현대사회에서 수학이 적용되는 곳은 산업, 금융, 정보통신 등으로 확대되고 있다. 따라서 수학은 자연과학이나 공학을 공부하는 학생들에게는 필수적인 과목이다.

그러나 많은 학생들이 수학을 어렵게 느끼고 있다. 그 가장 큰 이유 중의 하나는 학생들이 문제를 직접 풀어보지 않고 눈으로만 본다는 것이다. 자동차 경주 게임을 하는 것을 옆에서 지켜보면 장애물을 요리조리 피하여 잘할 수 있을 것 같지만, 직접 게임을 해보면 생각대로 잘 되지 않는다. 수학도 이와 마찬가지이다. 수업시간에 선생님의 설명이나 풀이를 보면 이해가 되는 듯한데 막상 문제를 풀려고 하면 잘 되지 않고 심지어 어떻게 해야 할지 엄두조차 내지 못하는 것이다. 이러한 상황이 지속되면 미분적분학 공부, 나아가서는 전공 공부에서도 심각한 어려움에 부딪치게 된다.

우리는 수학의 기초가 부족하다고 느끼는 학생들을 위하여 이 책을 만들었다. 이 책은 집합과 함수, 수열과 급수, 지수함수와 로그함수, 삼각함수 등의 내용을 담고 있으며 다음과 같은 점이 반영되도록 하였다.

첫째, 엄밀한 수학적 정의로부터 출발하기보다는 구체적인 예를 통하여 개념을 익히고 원리를 이해하여 적용할 수 있도록 하는 데 중점을 두었다.

둘째, 예제 뒤에는 예제와 똑같은 유형의 문제를 추가하여 학생들이 예제를 복습하고 문제를 스스로 푸는 과정을 통하여 자연스럽게 내용을 익히고 문제해결 능력을 배양할 수 있도록 하였다.

셋째, 고등학교 과정에서 미분적분학을 공부하지 않은 학생들을 위하여 다항함수의 미분과 적분을 소개하였다.

넷째, 학생들의 공부에 도움이 되도록 연습문제 해답을 부록에 제시하였다.

끝으로 이 책을 통하여 학생들이 대학과정의 수학을 공부하기 위한 기초가 군건해지게 되기를 바란다. 그리고 이 책이 출판되도록 애써주신 도서출판 경문사 관계자들께 감사드린다.

2023년 8월

지은이

차 례

집합과 함수 1

1.1 집합

수학에서 가장 기본적인 개념으로 여겨지는 **집합**(set)은 명확히 구별되는 어떤 대상들의 모임이다. 이러한 대상들을 그 집합의 **원소**(element)라고 한다. A가 집합이고 a가 A의 원소일 때 $a \in A$라 나타내고, b가 A의 원소가 아닐 때 $b \notin A$라 나타낸다. 또 원소가 하나도 없는 집합을 **공집합**(empty set)이라 하고 $\varnothing$ 또는 $\{\ \}$이라 나타낸다.

집합 A를 나타내는 방법은 원소나열법과 조건제시법이 있다. 예를 들어 5 이하의 자연수의 집합을 A라 하면

$$A = \{1, 2, 3, 4, 5\},$$
$$A = \{x : x\text{는 자연수이고 } x \leq 5\}$$

와 같이 표현할 수 있고 첫 번째 표현방법을 **원소나열법**이라 하고 두 번째 표현방법을 **조건제시법**이라 한다.

자주 쓰이는 수 집합에는 다음과 같은 것들이 있다.

$\mathbb{N} = \{1, 2, 3, \cdots\}$: 자연수(natural number)의 집합

$\mathbb{Z} = \{\cdots, -2, -1, 0, 1, 2, \cdots\}$: 정수(integer)의 집합

$\mathbb{Q} = \left\{\dfrac{q}{p} : p, q\text{는 정수}, p \neq 0\right\}$: 유리수(rational number)의 집합

$\mathbb{Q}^c$: 무리수(irrational number)의 집합

$\mathbb{R} = \mathbb{Q} \cup \mathbb{Q}^c$: 실수(real number)의 집합

$\mathbb{C}$: 복소수(complex number)의 집합

각 집합들 간의 포함 관계를 나타내면 다음과 같다.

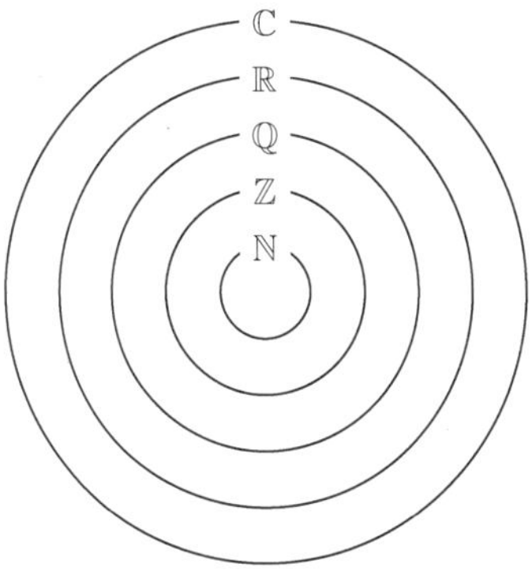

$$\mathbb{N} \subset \mathbb{Z} \subset \mathbb{Q} \subset \mathbb{R} \subset \mathbb{C}$$

▎정의 1.1▎

두 집합 A, B에 대하여 A의 모든 원소가 B에도 속할 때 A는 B의 **부분집합**(subset) 또는 A는 B에 포함된다고 하고 $A \subset B$라 나타낸다. 또 $A \subset B$이고 $B \subset A$일 때 A와 B는 같다고 하고 $A = B$라 나타낸다.

모든 집합 A에 대하여 $\varnothing \subset A$이고 $A \subset A$이다.

예제 1 (1) A를 $x^2 = 4$를 만족하는 정수들의 집합이라 할 때 A를 원소나열법과 조건제시법으로 나타내시오.

(2) $A = \{1, 2\}$, $B = \{1, 2, 3, 4\}$일 때 $A \subset X \subset B$를 만족하는 집합 X를 모두 구하시오.

풀이 (1) $A = \{-2, 2\}$, $A = \{x \in \mathbb{Z} : x^2 = 4\}$

(2) $X = \{1, 2\}, \{1, 2, 3\}, \{1, 2, 4\}, \{1, 2, 3, 4\}$ ■

문제 1.1 (1) 0보다 크고 20보다 작으면서 12와는 1 이외의 공통인수를 갖지 않는 수의 집합을 구하시오.

(2) K-pop을 좋아하는 사람들의 모임은 집합이라 할 수 있을까요?

두 실수 $a, b\ (a < b)$에 대하여 a와 b 사이의 모든 실수로 이루어진 집합을 **구간**(interval)이라 한다. 특히 a와 b가 포함되지 않을 때는 (a, b)라 나타내고 **개구간**(open interval)이라 하며, a와 b를 포함할 경우는 $[a, b]$라 나타내고 **폐구간**(closed interval)이라 한다. 즉,

$$(a, b) = \{x \in \mathbb{R} : a < x < b\}$$
$$[a, b] = \{x \in \mathbb{R} : a \le x \le b\}$$

이밖에도 구간에는 다음과 같은 형태가 있다.

$$[a, b) = \{x \in \mathbb{R} : a \le x < b\}$$
$$(a, b] = \{x \in \mathbb{R} : a < x \le b\}$$
$$(a, \infty) = \{x \in \mathbb{R} : x > a\}$$
$$[a, \infty) = \{x \in \mathbb{R} : x \ge a\}$$
$$(-\infty, b) = \{x \in \mathbb{R} : x < b\}$$
$$(-\infty, b] = \{x \in \mathbb{R} : x \le b\}$$
$$(-\infty, \infty) = \mathbb{R}$$

구간 중 몇 가지를 수직선에 표시하면 다음 그림과 같다.

그림 1.1 구간 (a, b)

그림 1.2 구간 $[a, b]$

그림 1.3 구간 $[a, b)$

예제 2 다음 구간을 조건제시법으로 나타내시오.

(1) $(-1, 8]$　　　　(2) $(-\infty, 9)$

풀이 (1) $\{x \in \mathbb{R} : -1 < x \le 8\}$

(2) $\{x \in \mathbb{R} : x < 9\}$ ■

문제 1.2 다음 구간을 조건제시법으로 나타내시오.

(1) $[1, 4]$ (2) $[-1, \infty)$

집합들 사이의 연산은 다음과 같이 정의된다.

❙ 정의 1.2 ❙

두 집합 A, B에 대하여

$A \cup B = \{x : x \in A$ 또는 $x \in B\}$: **합집합(union)**

$A \cap B = \{x : x \in A$이고 $x \in B\}$: **교집합(intersection)**

$A - B = \{x : x \in A$이고 $x \notin B\}$: **차집합(difference)**

두 집합의 합집합, 교집합, 차집합을 그림으로 나타내면 다음과 같다.

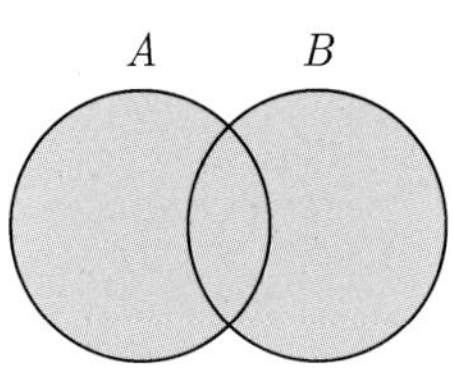

그림 1.4 $A \cup B$

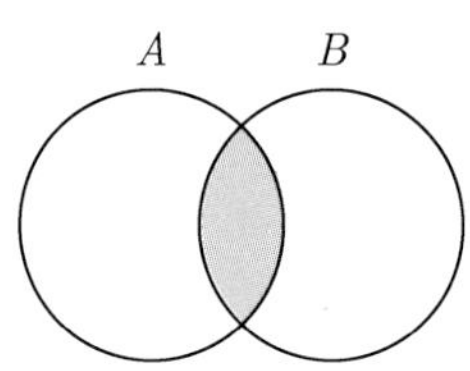

그림 1.5 $A \cap B$

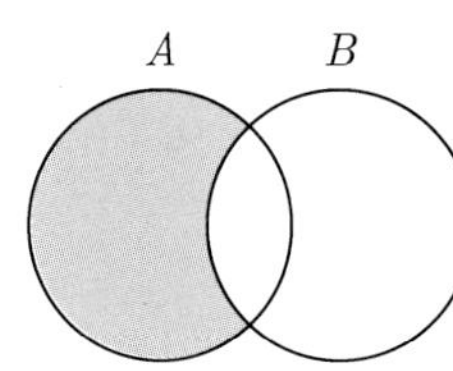

그림 1.6 $A - B$

예제 3 집합 A와 B가 다음과 같이 주어졌을 때, $A \cup B$, $A \cap B$, $A - B$, $B - A$를 구하시오.

(1) $A = \{1, 2, 3, 4, 5\}$, $B = \{3, 5, 9\}$

(2) $A = [1, 3]$, $B = (2, 4)$

풀이 (1) $A \cup B = \{1, 2, 3, 4, 5, 9\}$

$A \cap B = \{3, 5\}$

$A - B = \{1, 2, 4\}$

$B - A = \{9\}$

(2) $A \cup B = [1, 4)$

$A \cap B = (2, 3]$

$A-B=[1,2]$

$B-A=(3,4)$ ■

문제 1.3 $A=[-1,\infty)$, $B=(-\infty,1)$일 때 $A\cup B$, $A\cap B$, $A-B$, $B-A$를 구하시오.

▌정의 1.3▐

두 집합 A, B에 대하여 A의 원소와 B의 원소의 순서쌍들의 집합을 A와 B의 **카테시안 곱**(Cartesian product)이라 하고 $A\times B$라 나타낸다.

즉,

$$A\times B=\{(a,b):a\in A,\ b\in B\}$$

이다.

개구간 (a,b)와 순서쌍 (a,b)의 표현이 같기는 하지만 앞뒤의 문맥을 살피면 구분할 수 있으므로 혼동될 염려는 없다.

예제 4 카테시안 곱의 정의를 이용하여 다음을 해결하시오.

(1) $A=\{1,2\}$, $B=\{3,4\}$일 때 $A\times B$와 $B\times A$를 구하시오.

(2) $C=[1,2]$, $D=[3,4]$ 일 때 $C\times D$를 그림으로 나타내시오.

풀이 (1) $A\times B=\{(1,3),(1,4),(2,3),(2,4)\}$

$B\times A=\{(3,1),(3,2),(4,1),(4,2)\}$

(2)

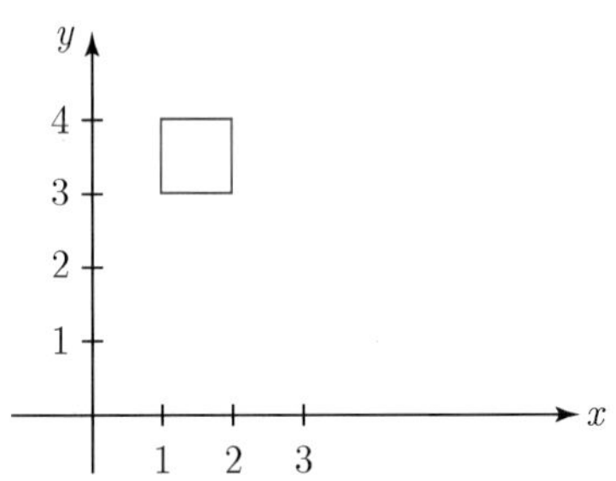

■

문제 1.4 다음 문제를 해결하시오.

(1) $A=\{1, 2\}$, $B=\{3, 4, 5\}$일 때 $A\times B$와 $B\times A$를 구하시오.

(2) $C=[0,3]$, $D=[2,4]$ 일 때 $C\times D$와 $D\times C$를 그림으로 나타내시오.

$\mathbb{R}\times\mathbb{R}$ 을 간단히 $\mathbb{R}^2$이라 나타낸다. 따라서 $\mathbb{R}^2$은 평면 위의 모든 점의 집합이다. 마찬가지로 $\mathbb{R}^3$는 $\mathbb{R}\times\mathbb{R}\times\mathbb{R}$, 즉 공간의 모든 점의 집합이다.

연습문제 1.1

1. 다음 집합을 원소나열법으로 나타내시오.

(1) $\{x\in\mathbb{R} : x^3=8\}$

(2) $\{x\in\mathbb{R} : |x|^3=8\}$

(3) $\{x\in\mathbb{Z} : |x|<1\}$

(4) $\{x\in\mathbb{Z} : x^4<0\}$

(5) $\{x\in\mathbb{Z} : -13\le x\le 15,\ x$는 3으로 나누어지는 수$\}$

2. $A=\{a, b, c, d, e, f\}$, $B=\{a, e, i, o, u\}$일 때 $A\cup B$, $A\cap B$, $A-B$, $B-A$를 구하시오.

3. $A=(-5, 5)$, $B=(-1, \infty)$일 때 $A\cup B$, $A\cap B$, $A-B$, $B-A$를 구하시오.

4. 40명 중 28명은 축구를 좋아하고, 16명은 야구를 좋아하며 10명은 둘 다 좋아한다. 축구나 야구를 좋아하지 않는 사람은 몇 명인가?

1.2 함수

기온과 전기 사용량 또는 기온과 난방비 등과 같이 한 수량이 다른 수량에 따라 결정되는 두 집합 사이의 관계를 나타내는 수학적 표현이 함수이다. 자연현상이나 사회현상을 함수로 나타냄으로써 자연과 사회 구조를 연구하는 데 도움이 된다. 이 절에서는 함수의 수학적 정의와 표현방법에 대해 살펴보고자 한다.

▌정의 1.4▐

두 집합 X, Y가 있을 때 X의 각 원소 x에 대하여 Y의 단 하나의 원소 y를 대응시키는 규칙을 **함수**(function)라 하고

$$\begin{aligned} f: X &\to Y \\ x &\mapsto y = f(x) \end{aligned}$$

라 나타낸다. 또

X를 **정의역**(domain)
Y를 **공역**(codomain)
$f(x)$를 $x \in X$의 **함숫값**(image)
$f(X) = \{f(x) : x \in X\}$를 **치역**(range)

이라 한다. 함수 f의 정의역을 $D(f)$, 치역을 $R(f)$라 나타낸다. 함수를 아래 그림으로 나타낼 수 있다.

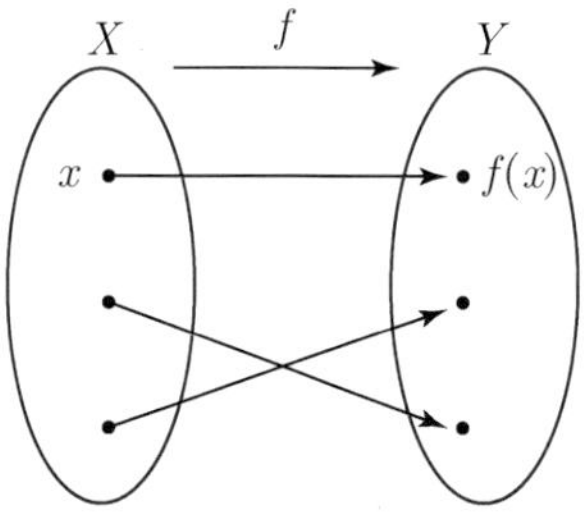

그림 1.7 함수

쉽게 설명하면 함수란 각각의 입력에 대해서 단 하나씩의 출력이 나오는 규칙이다. 예를 들면 동전을 넣으면 물건이 반드시 하나씩 나오는 자동판매기와 같은 것이다.

예제 5 $f(x)=x^2-2$일 때 다음을 구하시오.

(1) $f(1)$ (2) $f(6)$

(3) $f\left(-\frac{1}{2}\right)$ (4) $f(f(3))$

풀이 (1) $f(1)=1^2-2=-1$

(2) $f(6)=6^2-2=34$

(3) $f\left(-\frac{1}{2}\right)=\left(-\frac{1}{2}\right)^2-2=-\frac{7}{4}$

(4) $f(f(3))=f(3^2-2)=f(7)=7^2-2=47$ ■

문제 1.5 $f(x)=\begin{cases} x^2, & x<1 \\ 2-x, & x\geq 1 \end{cases}$일 때 다음을 구하시오.

(1) $f(-2)$ (2) $f(1)$

(3) $f(2)$ (4) $f(f(-\sqrt{5}))$

함수를 나타낼 때는 정의역, 공역, 대응규칙을 모두 나타내주어야 하는 것이 원칙이지만, 간단히 대응규칙 $y=f(x)$만으로 함수를 나타내기도 한다. 이때 정의역은 $f(x)$를 나타내는 식이나 문장이 의미를 갖는 모든 x들의 집합으로 약속하고 공역은 $f(x)$ 값들의 집합으로 약속한다.

함수 $y=f(x)$에서 x를 **독립변수**(independent variable), y를 **종속변수**(dependent variable)라 한다.

예제 6 다음 함수의 정의역을 구하시오.

(1) $f(x)=x+1$ (2) $f(x)=\frac{1}{x-3}$

(3) $f(x)=\frac{1}{x^2-2x}$ (4) $f(x)=\frac{1}{\sqrt{9-x^2}}$

풀이 (1) 모든 실수 x에 대하여 정의되므로 정의역은 $\mathbb{R}$.

(2) $x=3$에서 정의되지 않으므로 정의역은 $\mathbb{R}-\{3\}$.

(3) $x^2-2x\neq 0$이어야 하므로 $x\neq 0,\ 2$. 따라서 정의역은 $\mathbb{R}-\{0,\ 2\}$.

(4) $9-x^2>0$이어야 하므로 $-3<x<3$. ■

문제 1.6 다음 함수의 정의역을 구하시오.

(1) $f(x)=\dfrac{1}{x^2+1}$ (2) $f(x)=\sqrt{x-2}$

(3) $f(x)=\dfrac{2}{4-|x|}$ (4) $f(x)=\sqrt{1-x}+\dfrac{1}{\sqrt{1+x}}$

예제 ⑦ $f(x)=2x^2+x-1$일 때 다음을 구하시오.

(1) $f(a)$ (2) $f(-a)$

(3) $f(a+h)$ (4) $\dfrac{f(a+h)-f(a)}{h}$

풀이 (1) $f(a)=2a^2+a-1$

(2) $f(-a)=2(-a)^2+(-a)-1=2a^2-a-1$

(3) $f(a+h)=2(a+h)^2+(a+h)-1=2a^2+4ah+2h^2+a+h-1$

(4) $$\frac{f(a+h)-f(a)}{h}=\frac{(2a^2+4ah+2h^2+a+h-1)-(2a^2+a-1)}{h}$$

$$=\frac{4ah+2h^2+h}{h}=4a+2h+1$$ ■

문제 1.7 $f(x)=\dfrac{1}{x+1}$이고 $a\neq\pm1$일 때 다음을 구하시오.

(1) $f(a)$ (2) $f(-a)$

(3) $f(a+h)$ (4) $\dfrac{f(a+h)-f(a)}{h}$

예제 ⑧ 함수 f가 $f(1-x)=2x$를 만족할 때 $f(3x)$를 구하시오.

풀이 $f(1-x)=2x$에서 독립변수 x를 s로 바꾸면

$$f(1-s)=2s$$

이다. $1-s=3x$라 하면 $s=1-3x$이므로

$$f(3x)=f(1-s)=2s=2(1-3x)=-6x+2$$ ■

문제 1.8 함수 f가 $f(x+1)=x^2$를 만족할 때 $f(x-2)$를 구하시오.

정의역의 모든 원소가 공역의 한 원소에 대응하는 함수를 **상수함수**(constant function)라 한다. 예를 들면

$$f(x)=3,\quad g(x)=0$$

은 상수함수이다. 또 정의역과 치역이 같고 $f(x)=x$인 함수를 **항등함수**(identity function)라 하고 I라 나타낸다. 즉, $I(x)=x$이다.

연습문제 1.2

1. 다음 함수의 정의역을 구하시오.

(1) $f(x)=x+1$

(2) $f(x)=\dfrac{(x+1)^2}{x+1}$

(3) $\dfrac{1}{x^2-x-6}$

(4) $f(x)=\sqrt{x^2-x-6}$

(5) $f(x)=\dfrac{1}{\sqrt{x+3}}$

(6) $f(x)=\dfrac{1}{|x-1|+|x+1|}$

2. $f(x)=\dfrac{1-x}{1+x}$일 때 다음을 구하시오.

(1) $f(2)$

(2) $f\left(\dfrac{1}{2}\right)$

(3) $f(a+1)$

(4) $f\left(\dfrac{1}{a}\right)$

3. 다음 함수에 대하여 $\dfrac{f(a+h)-f(a)}{h}$를 구하시오.

(1) $f(x)=3$

(2) $f(x)=2x+3$

(3) $f(x)=3x^2-2x+2$

(4) $f(x)=\dfrac{1}{x+2}$

4. 함수 $f:R\to R$가 $f(3)=2$와 $f(x+3)=f(3)f(x)$를 만족할 때 $f(-3)$을 구하시오.

5. $(1-x^2+x^4)^{2005} = a_0 + a_1x + a_2x^2 + \cdots + a_{8020}x^{8020}$라 할 때 다음을 구하시오.

(1) a_0

(2) $a_0 + a_1 + a_2 + \cdots + a_{8020}$

(3) $a_0 - a_1 + a_2 - a_3 + \cdots - a_{8019} + a_{8020}$

1.3 함수의 연산

기존의 함수를 연산하여 새로운 함수를 만드는 방법에는 몇 가지가 있다. 먼저 두 함수의 합, 차, 곱, 몫에 대하여 알아보자.

| 정의 1.5 |

두 함수 f, g에 대하여 합 $f+g$, 차 $f-g$, 곱 fg, 몫 $\dfrac{f}{g}$는 다음과 같이 정의된다.

$$(f+g)(x)=f(x)+g(x)$$
$$(f-g)(x)=f(x)-g(x)$$
$$(fg)(x)=f(x)g(x)$$
$$\left(\frac{f}{g}\right)(x)=\frac{f(x)}{g(x)}$$

이 함수들의 정의역은 f의 정의역과 g의 정의역의 교집합이고, 특히 $\dfrac{f}{g}$의 정의역은 $g(x)=0$인 x는 제외하여야 한다.

예제 9 $f(x)=2x+1$, $g(x)=\sqrt{x}$일 때 다음을 구하시오.

(1) $(f+g)(4)$, $(f-g)(4)$, $(fg)(2)$, $\left(\dfrac{f}{g}\right)(2)$

(2) 함수 $f+g$, $f-g$, fg, $\dfrac{f}{g}$와 정의역

풀이 (1) $(f+g)(4)=f(4)+g(4)=9+2=11$

$(f-g)(4)=f(4)-g(4)=9-2=7$

$(fg)(2)=f(2)g(2)=5\sqrt{2}$

$\left(\dfrac{f}{g}\right)(2)=\dfrac{f(2)}{g(2)}=\dfrac{5}{\sqrt{2}}$

(2) f의 정의역은 $\mathbb{R}$이고 g의 정의역은 $x\geq 0$이다. 따라서

$$(f+g)(x)=f(x)+g(x)=2x+1+\sqrt{x},\ \ x\geq 0$$
$$(f-g)(x)=f(x)-g(x)=2x+1-\sqrt{x},\ \ x\geq 0$$

$$(fg)(x) = f(x)g(x) = (2x+1)\sqrt{x}, \quad x \geq 0$$

$$\left(\frac{f}{g}\right)(x) = \frac{f(x)}{g(x)} = \frac{2x+1}{\sqrt{x}}, \quad x > 0 \qquad \blacksquare$$

문제 1.9 $f(x) = \sqrt{x}$, $g(x) = \sqrt{25 - x^2}$일 때 다음을 구하시오.

(1) $(f+g)(4)$, $(f-g)(4)$, $(fg)(3)$, $\left(\frac{f}{g}\right)(3)$

(2) 함수 $f+g$, $f-g$, fg, $\frac{f}{g}$와 정의역

앞 절에서 함수란 자동판매기와 같은 것이라고 했다. 때로는 먼저 지폐를 동전으로 바꾸는 교환기를 이용한 후 동전으로 자동판매기를 이용하는 경우도 있다. 이와 같이 두 관계를 연속으로 적용하는 것을 합성이라 한다.

▌정의 1.6▐

두 함수 f와 g의 **합성함수**(composite function) $f \circ g$는 다음과 같이 정의된다.

$$(f \circ g)(x) = f(g(x))$$

합성함수의 정의역은 g의 정의역의 원소 중에서 $g(x)$가 f의 정의역에 속하는 x들의 집합이다. 즉,

$$D(f \circ g) = \{x \in D(g) : g(x) \in D(f)\}$$

이다.

예제 10 $f(x) = \sqrt{x}$, $g(x) = x - 3$일 때 다음을 구하시오.

(1) $(f \circ g)(4)$와 $(g \circ f)(4)$

(2) 함수 $f \circ g$, $g \circ f$와 정의역

풀이 (1) $(f \circ g)(4) = f(g(4)) = f(1) = 1$,

$(g \circ f)(4) = g(f(4)) = g(2) = -1$

(2) f의 정의역은 $x \geq 0$이고 g의 정의역은 $\mathbb{R}$ 이다.

$$(f \circ g)(x) = f(g(x)) = f(x-3) = \sqrt{x-3}$$

이고 정의역은

$$\begin{aligned} D(f \circ g) &= \{x \in D(g) : g(x) \in D(f)\} \\ &= \{x \in \mathbb{R} : g(x) = x-3 \geq 0\} = [3, \infty) \end{aligned}$$

또

$$(g \circ f)(x) = g(f(x)) = g(\sqrt{x}) = \sqrt{x} - 3$$

이고 정의역은

$$\begin{aligned} D(g \circ f) &= \{x \in D(f) : f(x) \in D(g)\} \\ &= \left\{x \geq 0 : f(x) = \sqrt{x} \in \mathbb{R}\right\} = [0, \infty) \end{aligned}$$ ■

위의 예제에서 알 수 있듯이 일반적으로

$$(f \circ g)(x) \neq (g \circ f)(x)$$

이다. 하지만

$$\begin{aligned} (f \circ (g \circ h))(x) &= f((g \circ h)(x)) = f(g(h(x))) \\ &= (f \circ g)(h(x)) = ((f \circ g) \circ h)(x) \end{aligned}$$

이므로 결합법칙은 성립한다.

문제 1.10 $f(x) = \dfrac{2x}{x-1}$, $g(x) = \sqrt{4-x}$ 일 때 다음을 구하시오.

(1) $(f \circ g)(0)$와 $(g \circ f)(2)$

(2) 함수 $f \circ g$와 $g \circ f$의 정의역

예제 11 A는 길이가 100m인 직선 주로를 9m/sec의 속도로 뛰고 있고 B는 결승점으로부터 주로와 수직 10m 지점에서 이 광경을 보고 있다.

(1) A와 결승점까지의 거리를 d라 하고, A와 B 사이의 거리를 l이라 할 때 l을 d의 함수, 즉 $l = f(d)$로 나타내시오.

(2) A가 출발한 지 t초 후 d를 t의 함수, 즉 $d = g(t)$로 나타내시오.

(3) $(f \circ g)(t)$를 구하고 이 함수가 의미하는 바를 설명하시오.

풀이 (1) 피타고라스 정리에 의해 $l = \sqrt{d^2 + 100}$

(2) $d = 100 - 9t$

(3) $(f \circ g)(t) = f(g(t)) = f(100 - 9t)$

$$= \sqrt{(100 - 9t)^2 + 100}$$

$$= \sqrt{81t^2 - 1800t + 10100}$$

A가 출발한 지 t초 후 A와 B 사이의 거리를 나타낸다. ■

문제 1.11 어떤 공장의 하루 생산량 q는 노동자의 인원수 n에 따라

$$q = g(n) = n^2 + n + 3$$

으로 주어지고, 총 매출액은 $r = f(q) = 500q$라 하자. $(f \circ g)(n)$을 구하고 이 합성함수가 의미하는 바를 설명하시오.

연습문제 1.3

1. $f(x) = \dfrac{1}{x+1}$, $g(x) = \dfrac{x}{x+1}$일 때 함수 $f+g$, $f-g$, fg, $\dfrac{f}{g}$와 정의역을 구하시오.

2. $f(x) = \sqrt{x-2}$, $g(x) = \sqrt{4-x^2}$일 때 다음을 구하시오.

(1) 함수 $f \circ g$와 정의역 (2) 함수 $g \circ f$와 정의역

3. $f(x) = x - a$일 때 $(f \circ f)(2) = a$가 되는 a를 구하시오.

4. 다음 함수 h에 대하여 $h(x) = (f \circ g)(x)$로 나타낼 수 있는 함수 f와 g를 구하시오.

(1) $h(x) = (2x+3)^4$

(2) $h(x) = (x+2)^3 - (x+2) + 1$

1.4 역함수

a가 실수일 때

$$a+(-a)=(-a)+a=0$$

이고 $-a$를 a의 덧셈에 대한 **역원**이라 한다. 또 a가 0 아닌 실수일 때

$$aa^{-1}=a^{-1}a=1$$

이고 a^{-1}를 a의 곱셈에 대한 역원이라 한다. f가 적당한 조건을 만족하는 함수이면 f에 대해서도 역원과 비슷한 관계를 만족하는 함수가 있다. 이 절에서는 이러한 함수가 존재하기 위한 조건과 그 성질에 대해서 알아보자.

정의 1.7

함수 f가 모든 $a, b \in D(f)$에 대하여

$$f(a)=f(b) \Rightarrow a=b$$

또는

$$a \neq b \Rightarrow f(a) \neq f(b)$$

를 만족하면 **일대일 함수**(one to one function)라 한다.

예제 12 $f(x)=\dfrac{x+1}{x-1}$은 일대일 함수임을 보이시오.

풀이 $f(a)=f(b)$라 하면 $\dfrac{a+1}{a-1}=\dfrac{b+1}{b-1}$이므로

$$(a+1)(b-1)=(a-1)(b+1)$$

양변을 전개하면

$$ab-a+b-1=ab+a-b-1$$
$$2a=2b$$

따라서 $a=b$이므로 일대일 함수이다. ■

문제 1.12 함수 $f(x)=2x+1$은 일대일 함수임을 보이시오.

몇 개의 함수를 다음 그림에서 살펴보자.

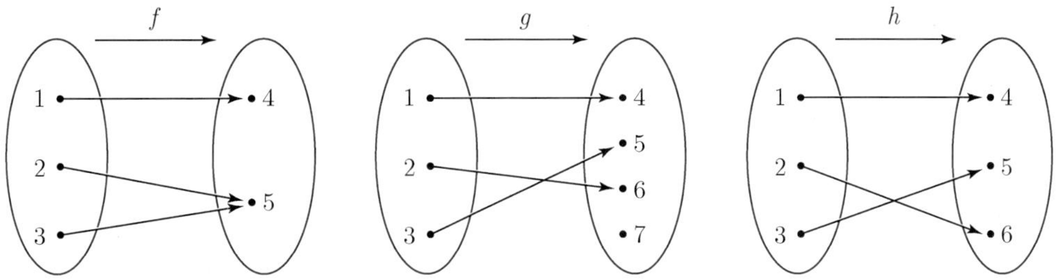

그림 1.8　　그림 1.9　　그림 1.10

함수 f는 $f(2)=f(3)$이므로 일대일 함수가 아니다. 함수 g는 공역과 치역이 같지 않다. 마지막으로 함수 h는 일대일 함수이고 공역과 치역이 같다. 각 함수에서 화살표의 방향을 반대로 해보자. 그러면 f와 g의 경우는 함수가 되지 않고 h의 경우는 함수가 됨을 쉽게 알 수 있다. 이렇게 대응관계를 역으로 한 함수를 원래 함수의 역함수라 한다.

| 정의 1.8 |

f가 정의역이 X이고 치역이 Y인 함수라 하자. f의 **역함수**(inverse function) f^{-1}은 정의역이 Y이고 치역이 X인 함수로서 다음과 같이 정의된다.

$$f^{-1}(y)=x \Leftrightarrow f(x)=y$$

f^{-1}은 f의 역함수를 의미하고 $(f(x))^{-1}$은 $\dfrac{1}{f(x)}$을 의미한다. 즉, -1은 함수를 표현하는 문자의 지수처럼 쓰일 때는 역함수를 의미하고 숫자의 지수로 쓰일 때는 역수를 의미한다.

예제 13 $f(1)=3,\ f(2)=-8$일 때 $f^{-1}(3),\ f^{-1}(-8)$의 값을 구하시오.

풀이 $f^{-1}(3)=1,\ f^{-1}(-8)=2$ ■

문제 1.13 함수 $f(x)=2x-1$에 대하여 $f^{-1}(5)$의 값을 구하시오.

함수 f가 x를 y에 대응시켜주는 관계라면 f^{-1}는 y를 x에 대응시켜주는 관계이다. 즉, x와 y의 역할이 뒤바뀌었다고 생각할 수 있다. 따라서 역함수를 구할 때는 다음 순서대로 하면 편리하다.

1. 함수를 $y=f(x)$ 형태로 쓴다.
2. 이 식을 x에 대해서 풀어서 $x=g(y)$ 형태로 나타낸다.
3. x와 y를 바꾸면 $y=g(x)$가 $f(x)$의 역함수이다. 즉 $g(x)=f^{-1}(x)$이다.

예제 14 다음 함수의 역함수를 구하시오.

(1) $f(x)=3x-2$ (2) $f(x)=\dfrac{x}{x+2}$

풀이 (1) $y=3x-2$라 하고 x에 대해서 풀면

$$3x=y+2$$
$$x=\frac{1}{3}(y+2)$$

x와 y를 바꾸면

$$y=\frac{1}{3}(x+2)$$

따라서 $f^{-1}(x)=\dfrac{1}{3}(x+2)$이다.

(2) $y=\dfrac{x}{x+2}$라 하고 x에 대해서 풀면

$$(x+2)y=x$$
$$(1-y)x=2y$$
$$x=\frac{2y}{1-y}$$

x와 y를 바꾸면

$$y=\frac{2x}{1-x}$$

따라서 $f^{-1}(x)=\dfrac{2x}{1-x}$이다. ■

문제 1.14 다음 함수의 역함수를 구하시오.

(1) $f(x)=2x+1$ (2) $f(x)=\dfrac{x^3-2}{3}$

역함수는 다음과 같은 성질을 갖는다.

정리 1.9

함수 $f:X\to Y$의 역함수가 f^{-1}일 때

$$\text{모든 } x\in X\text{에 대하여 } (f^{-1}\circ f)(x)=x,\ \text{즉 } f^{-1}\circ f=I$$
$$\text{모든 } y\in Y\text{에 대하여 } (f\circ f^{-1})(y)=y,\ \text{즉 } f\circ f^{-1}=I$$

를 만족한다. 역으로 위의 관계식을 만족하는 함수 f^{-1}은 f의 역함수이다. 즉,

$$g\circ f=I,\quad f\circ g=I$$

를 만족하면 $g=f^{-1}$이다.

예제 15 두 함수 f, g의 역함수가 존재할 때 $(f\circ g)^{-1}=g^{-1}\circ f^{-1}$임을 보이시오.

풀이 함수의 합성은 결합법칙이 성립하므로

$$\begin{aligned}(g^{-1}\circ f^{-1})\circ(f\circ g)&=g^{-1}\circ(f^{-1}\circ f)\circ g\\&=g^{-1}\circ I\circ g=g^{-1}\circ g=I\\(f\circ g)\circ(g^{-1}\circ f^{-1})&=f\circ(g\circ g^{-1})\circ f^{-1}\\&=f\circ I\circ f^{-1}=f\circ f^{-1}=I\end{aligned}$$

이므로 정리 1.9에 의해서 $(f\circ g)^{-1}=g^{-1}\circ f^{-1}$이다. ■

문제 1.15 함수 f의 역함수가 존재할 때 $(f^{-1})^{-1}=f$임을 보이시오.

연습문제 1.4

1. 다음 함수가 일대일 함수인지 아닌지 판별하시오.

(1) $f(x) = \sqrt{x} + 2$ (2) $f(x) = (x+2)^2$

2. 다음 함수의 역함수를 구하시오.

(1) $f(x) = \dfrac{2x+1}{x-2}$ (2) $f(x) = \sqrt{2+5x}$

3. 섭씨온도를 C, 화씨온도를 F라 할 때

$$F = \frac{9}{5}C + 32$$

는 섭씨온도를 화씨온도로 바꾸는 함수이다.

(1) 이 함수의 역함수는 어떤 의미를 갖는가?

(2) 이 함수의 역함수를 구하시오.

1.5 함수의 그래프

함수를 그림으로 나타내면 편리할 때가 많은데 이 그림을 그래프라 한다.

| 정의 1.10 |

함수 f의 정의역이 X일 때

$$\{(x, f(x)) : x \in X\}$$

를 f의 **그래프(graph)**라 한다.

예를 들어 함수 $f : \{1, 2, 3\} \to \{0, 1, 2\}$, $f(x) = x - 1$의 그래프는

$$\{(1, 0), (2, 1), (3, 2)\}$$

이다. 하지만 함수의 그래프를 이렇게 집합으로 표현하기보다는 평면 위에 그림으로 다음과 같이 나타내는 것이 편리하다.

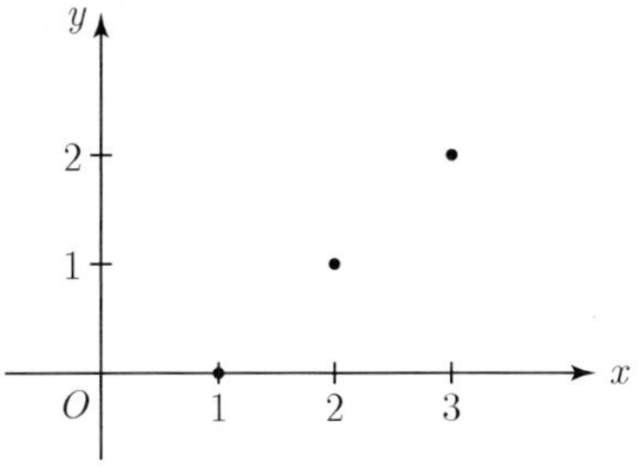

그림 1.11 함수의 그래프

우리가 다루는 대부분의 함수는 정의역이 유한개의 원소로 이루어진 집합이 아니라 정의역이 실수 전체이거나 구간의 형태로 주어진 함수이다. 따라서 이러한 함수의 그래프는 평면 위에서 점들이 연결된 직선이나 곡선으로 나타나게 된다. 함수의 그래프는 다음 방법으로 그릴 수 있다.

1. $y = f(x)$에서 x에 몇 개의 값을 대입하여 얻은 $(x, f(x))$를 평면 위에 표시한다.
2. 표시된 점을 x축이 정의역에 포함된 영역에서 연결한다.

예제 16 다음 함수의 그래프를 그리시오.

(1) $y = x - 1$ (2) $y = x^2$

풀이 (1) $f(0) = -1$, $f(1) = 0$, $f(2) = 1$, $f(3) = 2$이므로 $(0, -1)$, $(1, 0)$, $(2, 1)$, $(3, 2)$를 지난다. 이 점들을 연결하면 아래 그림 1.12와 같은 직선이 된다.

(2) $f(-2) = 4$, $f(-1) = 1$, $f(0) = 0$, $f(1) = 1$, $f(2) = 4$이므로 $(-2, 4)$, $(-1, 1)$, $(0, 0)$, $(1, 1)$, $(2, 4)$를 지난다. 이 점들을 연결하면 아래 그림 1.13과 같은 포물선이다.

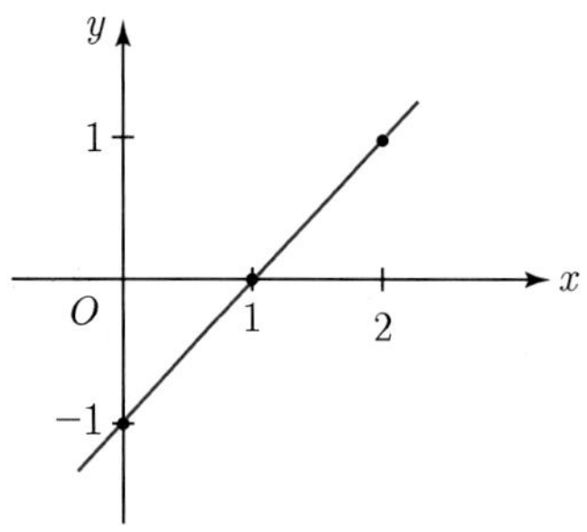

그림 1.12 $y = x - 1$

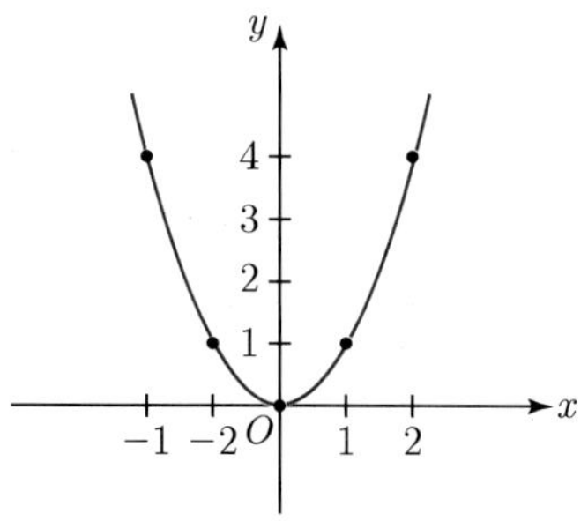

그림 1.13 $y = x^2$ ■

문제 1.16 다음 함수의 그래프를 그리시오.

(1) $y = x^3$ (2) $y = \sqrt{x}$

가우스 함수는 다음과 같이 정의되는 함수이다.

$$[x] = x\text{를 넘지 않는 최대정수}$$

예를 들면 $[3] = 3$, $[3.2] = 3$, $[1.99] = 1$, $[-2.35] = -3$이다.

예제 17 가우스 함수 $y=[x]$의 그래프를 그리시오.

풀이

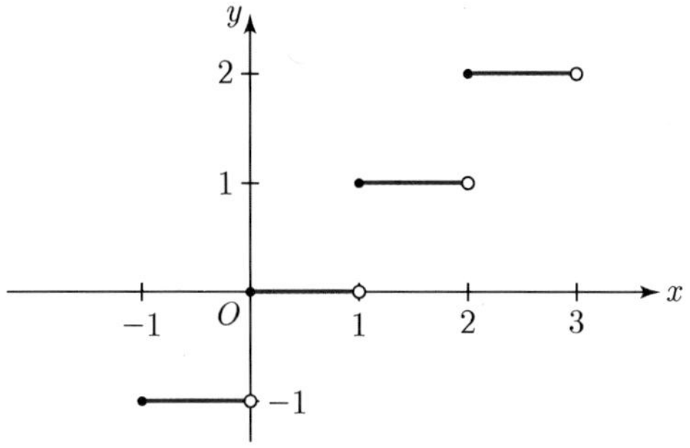

그림 1.14 $y=[x]$ ■

문제 1.17 절댓값 함수 $y=|x|$의 그래프를 그리시오.

그래프가 x축과 만나는 점을 **x절편**이라 하고 y축과 만나는 점을 **y절편**이라 한다. 즉, $y=f(x)$에서 $y=0$일 때의 x값이 x절편이고 $x=0$일 때의 y값이 y절편이다. 절편을 알면 그래프를 그릴 때 매우 편리하다.

예제 18 곡선 $y=x^2+2x-3$의 x절편과 y절편을 구하시오.

풀이 $y=0$이라 하면

$$x^2+2x-3=0$$
$$(x+3)(x-1)=0$$
$$x=-3,\ 1$$

따라서 x절편은 $-3, 1$이다. $x=0$이라 하면 $y=-3$이므로 y절편은 -3이다. ■

문제 1.18 $y=3x-2$의 x절편과 y절편을 구하시오.

$y=x^2$의 그래프(그림 1.15)를 이용하여 $y=(x-1)^2$의 그래프를 그려보자. $y=x^2$의 $x=a$에서의 함숫값은 $y=(x-1)^2$의 $x=a+1$에서의 함숫값과 같다. 따라서 $y=x^2$의 그

래프를 x축으로 1만큼 평행이동하면 $y=(x-1)^2$의 그래프가 됨을 알 수 있다(그림 1.16). 또 $y=x^2+2$의 그래프를 생각해보자. $x=a$에서 $y=x^2$의 함숫값은 a^2이고 $y=x^2+2$의 함숫값은 a^2+2이다. 즉, $y=x^2+2$의 함숫값은 $y=x^2$의 함숫값보다 항상 2만큼 크다. 따라서 $y=x^2+2$의 그래프는 $y=x^2$의 그래프를 y축으로 2만큼 평행이동한 것이다(그림 1.17).

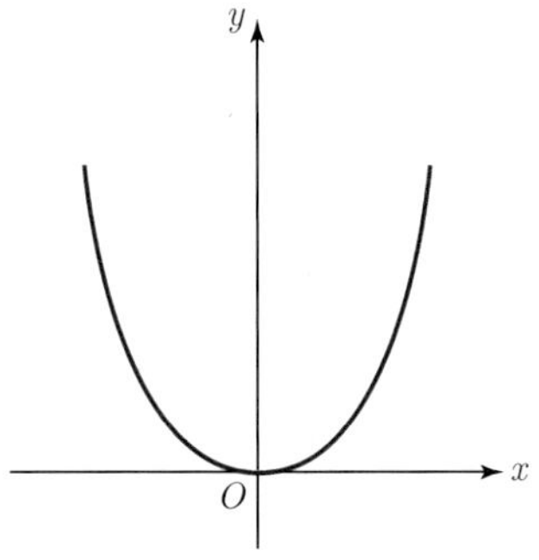

그림 1.15 $y=x^2$

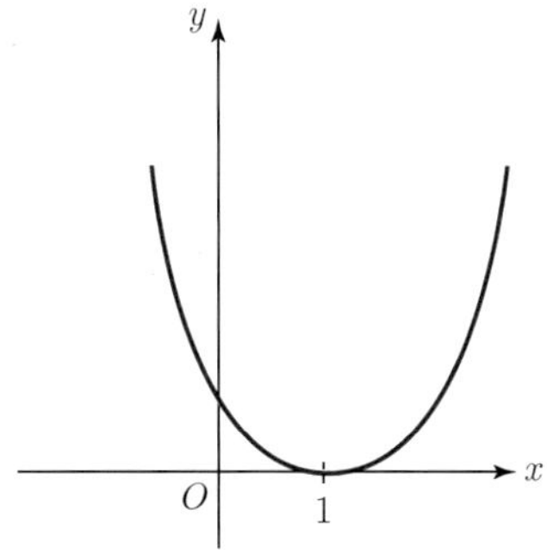

그림 1.16 $y=(x-1)^2$

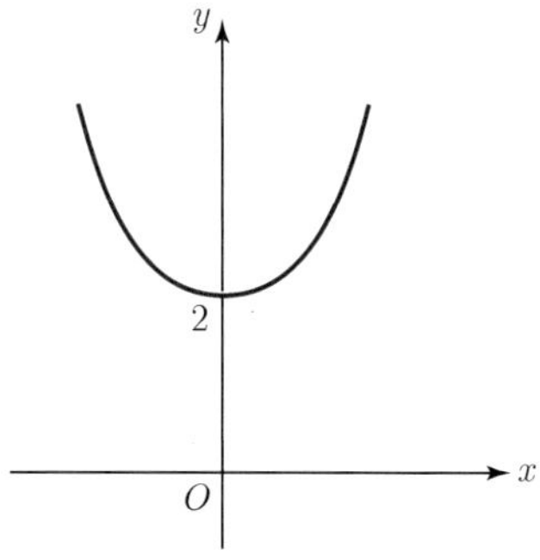

그림 1.17 $y=x^2+2$

위의 두 가지를 한꺼번에 생각하면 $y=(x-1)^2+2$의 그래프는 $y=x^2$의 그래프를 x축으로 1만큼, y축으로 2만큼 평행이동한 것임을 알 수 있다.

일반적으로 다음 사실이 성립한다.

▌정의 1.11▐

함수 $y=f(x-a)+b$의 그래프는 $y=f(x)$의 그래프를 x축으로 a만큼, y축으로 b만큼 평행이동한 것이다.

예제 19 다음 그래프를 그리시오.

(1) $y=x^2-2x-1$ (2) $y=\sqrt{x-1}+1$

풀이 (1) 완전제곱으로 만들면 $y=(x-1)^2-2$이므로 $y=x^2$의 그래프를 x축으로 1만큼, y축으로 -2만큼 평행이동한 것이다(그림 1.18).

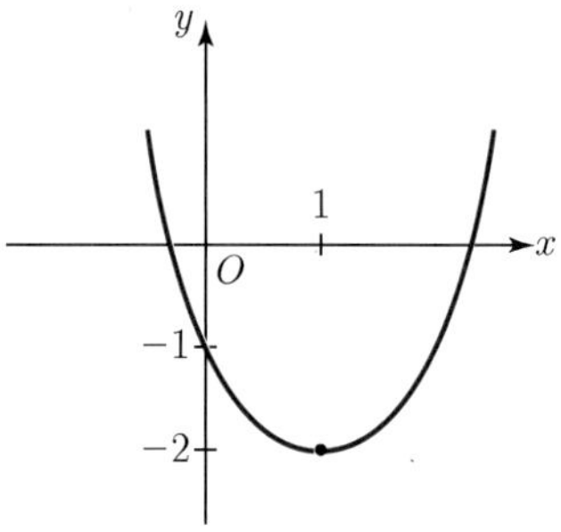

그림 1.18 $y=x^2-2x-1$

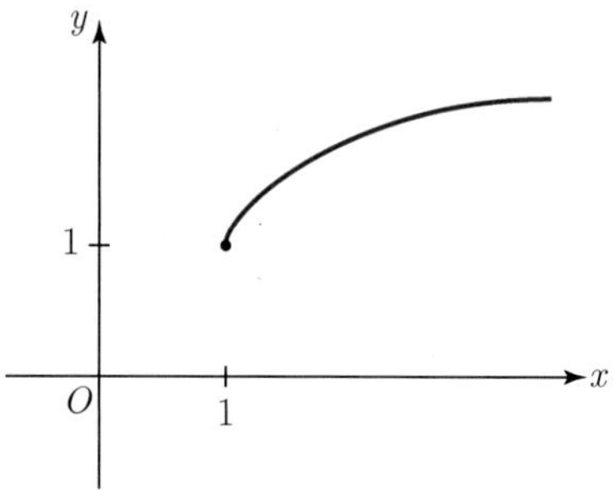

그림 1.19 $y=\sqrt{x-1}+1$

(2) $y=\sqrt{x}$의 그래프를 x축으로 1만큼, y축으로 1만큼 평행이동한 것이다(그림 1.19). ■

문제 1.19 다음 그래프를 그리시오.

(1) $y=|x+1|-2$ (2) $y=x^2+2x+3$

정의 1.12

함수 f가 정의역의 모든 x에 대하여

$f(-x)=f(x)$이면 **우함수**(even function)

$f(-x)=-f(x)$이면 **기함수**(odd function)

라 한다.

우함수는 x에서의 함숫값과 $-x$에서의 함숫값이 항상 같으므로 우함수의 그래프는 y축에 대칭이 됨을 알 수 있다. 또 기함수는 $-x$에서의 함숫값은 x에서의 함숫값의 부호를 바꾼 것이므로 기함수의 그래프는 원점에 대칭이다.

예제 20 다음 함수가 우함수인지 기함수인지 판별하시오.

(1) $f(x)=|x|-1$ (2) $f(x)=x^3+x$

풀이 (1) $f(-x)=|-x|-1=|x|-1=f(x)$이므로 우함수이다.

(2) $f(-x)=(-x)^3+(-x)=-x^3-x=-(x^3+x)=-f(x)$이므로 기함수이다. ■

문제 1.20 다음 함수가 우함수인지 기함수인지 판별하시오.

(1) $f(x) = x^4 - x^2 + 3$ (2) $f(x) = \frac{1}{x}$

예제 21 f가 우함수이고 g가 기함수이면 fg는 기함수임을 보이시오.

풀이 $(fg)(-x) = f(-x)g(-x) = f(x)(-g(x))$

$= -f(x)g(x) = -(fg)(x)$

이므로 기함수이다. ■

문제 1.21 f와 g가 기함수이면 $f+g$는 기함수이고 fg는 우함수임을 보이시오.

연습문제 1.5

1. 다음 함수의 그래프를 그리시오.

(1) $y = 2x - 1$ (2) $y = -x^2 + 3$

(3) $y = 2(x-1)^3 + 2$ (4) $y = \sqrt{x-2} - 1$

2. 다음 곡선의 x절편과 y절편을 구하시오.

(1) $y = 1 - x^4$ (2) $4x^2 + 9y^2 = 36$

3. f와 g가 우함수이면 $f+g$와 fg는 우함수임을 보이시오.

4. 다음 곡선의 그래프를 그리시오.

(1) $y = (x-1)^2 - 1$ (2) $y = (|x| - 1)^2 - 1$

(3) $y = |(x-1)^2 - 1|$ (4) $|y| = (x-1)^2 - 1$

(5) $|y| = (|x| - 1)^2 - 1$

1.6 이차함수

앞 절에서 간단한 이차함수의 그래프에 대해 알아보았다. 이 절에서는 좀 더 다양한 이차함수의 그래프와 성질에 대하여 알아보자.

$y = ax^2,\ a > 0$의 그래프는 **위로 오목**하고 $y = ax^2,\ a < 0$의 그래프는 **아래로 오목**한 포물선이라는 것을 쉽게 알 수 있다.

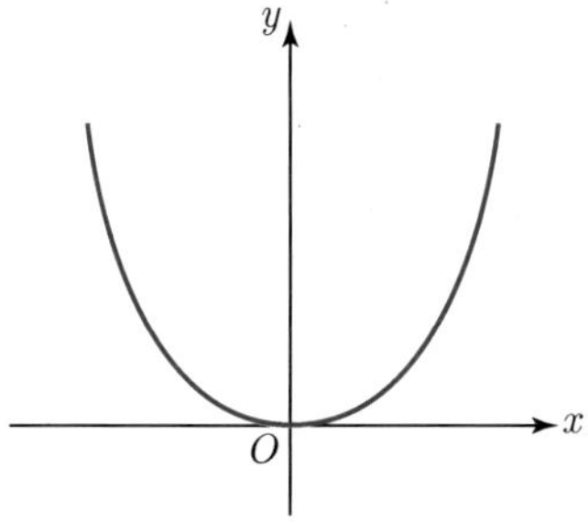

그림 1.20 $y = ax^2,\ a > 0$

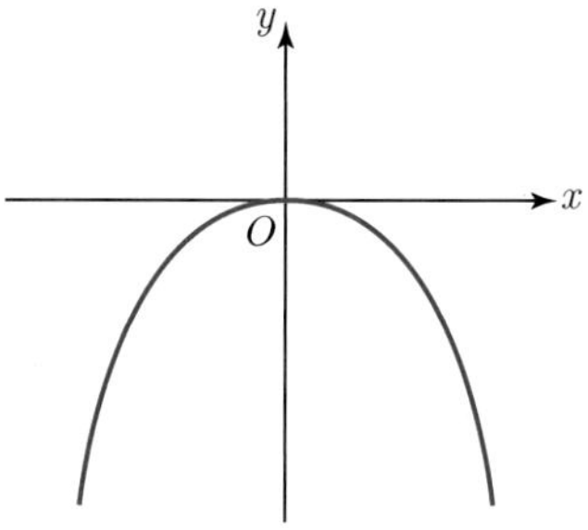

그림 1.21 $y = ax^2,\ a < 0$

또 $y = a(x-m)^2 + n$의 그래프는 $y = ax^2$의 그래프를 x축으로 m만큼, y축으로 n만큼 평행이동한 것임을 알고 있다. 이때 점 (m, n)을 이 포물선의 꼭짓점이라 하고 직선 $x = m$을 축이라 한다.

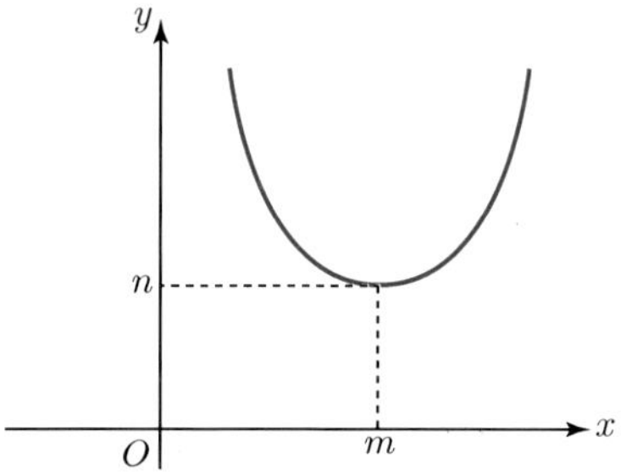

그림 1.22 $y = a(x-m)^2 + n$

따라서 이차함수의 그래프는 x에 관해 완전제곱을 만들거나 인수분해하여 x절편을 알면 쉽게 그릴 수 있다.

예제 22 다음 이차함수의 그래프를 그리시오.

(1) $y = 2x^2 + 4x + 1$

(2) $y = -3x^2 + 3x + 6$

풀이 (1) x에 관해 완전제곱을 만들면

$$y = 2(x^2 + 2x + 1 - 1) + 1 = 2(x+1)^2 - 1$$

이므로 꼭짓점이 $(-1,\ -1)$이고 축이 $x = -1$인 위로 오목한 포물선이다(그림 1.23).

(2) $y = -3(x-2)(x+1)$이므로 x절편이 $-1, 2$이고 아래로 오목한 포물선이다(그림 1.24).

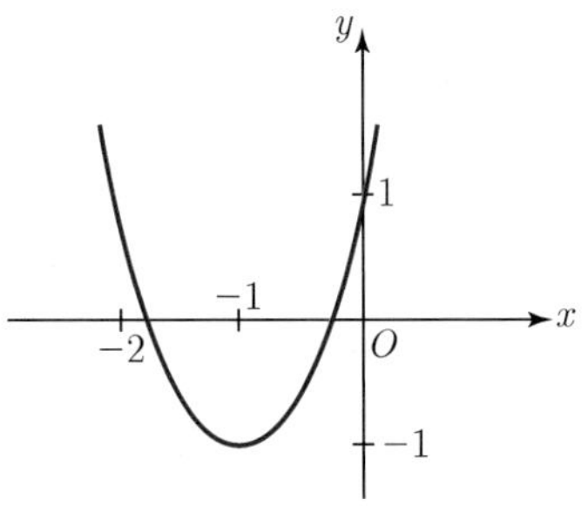

그림 1.23 $y = 2x^2 + 4x + 1$

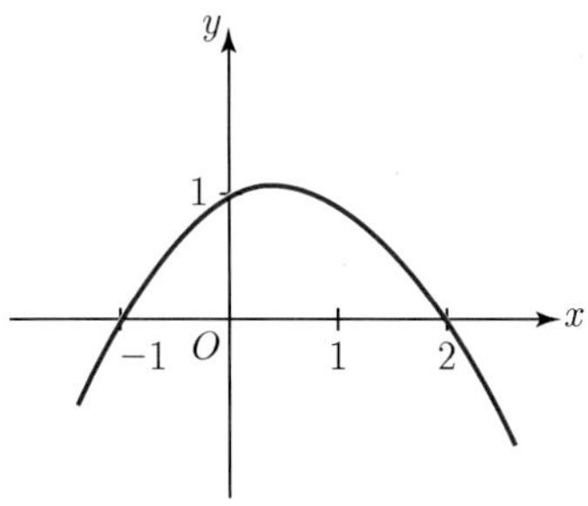

그림 1.24 $y = -3x^2 + 3x + 6$ ■

문제 1.22 다음 이차함수의 그래프를 그리시오.

(1) $y = -x^2 - 2x + 3$

(2) $y = x^2 - 6x + 5$

이차방정식 $ax^2 + bx + c = 0$에서 $D = b^2 - 4ac$라 할 때

$D > 0$이면 서로 다른 두 실근

$D = 0$이면 중근

$D < 0$이면 허근

을 가짐을 알고 있다. 이것을 그래프의 관점에서는 다음과 같이 말할 수 있다. 이차방정식 $y = ax^2 + bx + c$의 그래프에서

$D > 0$이면 x축과 서로 다른 두 점에서 만나고

$D=0$이면 x축과 접하고

$D<0$이면 x축과 만나지 않는다.

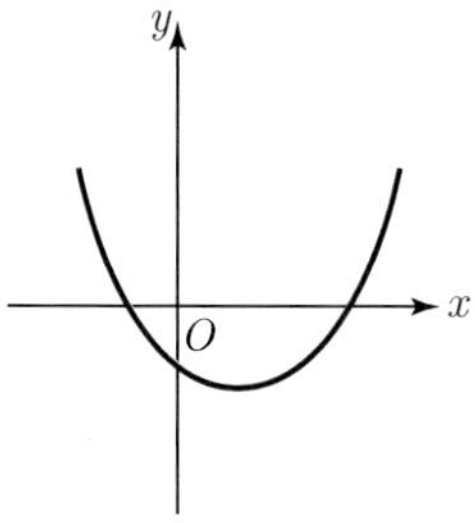

그림 1.25 $D>0$

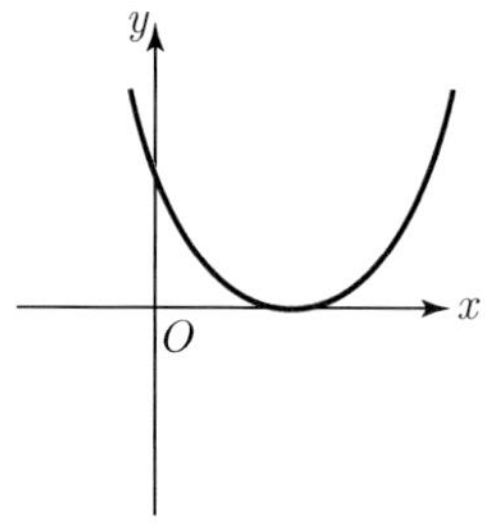

그림 1.26 $D=0$

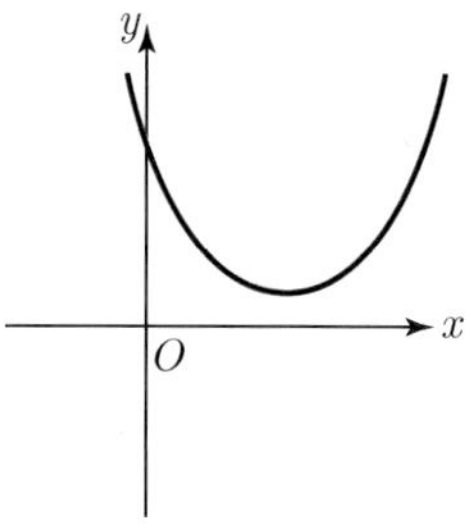

그림 1.27 $D<0$

또 이차함수 $y=ax^2+bx+c$와 직선 $y=mx+n$에 대하여

$$ax^2+bx+c=mx+n$$
$$ax^2+(b-m)x+c-n=0$$

의 판별식을 D라 할 때

$D>0$이면 포물선과 직선은 서로 다른 두 점에서 만나고

$D=0$이면 포물선과 직선은 접하고

$D<0$이면 포물선과 직선은 만나지 않는다.

예제 23 포물선 $y=x^2+3x-5$와 직선 $y=x+b$가 서로 다른 두 점에서 만나기 위한 b 값의 범위를 구하시오.

풀이 $x^2+3x-5=x+b$라 하면

$$x^2+2x-5-b=0$$

이므로

$$D=4-4(-5-b)>0$$

이어야 한다. 따라서 $b>-6$이다. ■

문제 1.23 포물선 $y=x^2+4x+2$와 직선 $y=ax+1$이 접할 때 a의 값을 구하시오.

연습문제 1.6

1. 다음 함수의 그래프를 그리시오.

(1) $y=-x^2-x+1$

(2) $y=x^2-8x+16$

(3) $y=x^3+2x^2-8x$

(4) $y=-x^3-x^2+x+1$

2. 모든 실수 x에 대하여 x^2-2x+a가 항상 0보다 크도록 a값의 범위를 구하시오.

3. 포물선 $y=x^2+2x+11$과 직선 $y=4x+b$가 만나지 않기 위한 b값의 범위를 구하시오.

1.7 유리함수와 무리함수

지금까지는 다항함수의 성질과 그래프에 관하여 공부하였다. 이 절에서는 유리함수와 무리함수의 성질과 그래프에 관하여 알아보자.

두 함수 $y=\dfrac{1}{x}$과 $y=-\dfrac{1}{x}$의 그래프를 그려보자. 두 함수 모두 $x=0$에서는 정의되지 않는다. 몇 개의 값을 대입하여 그래프를 그려보면 다음과 같다.

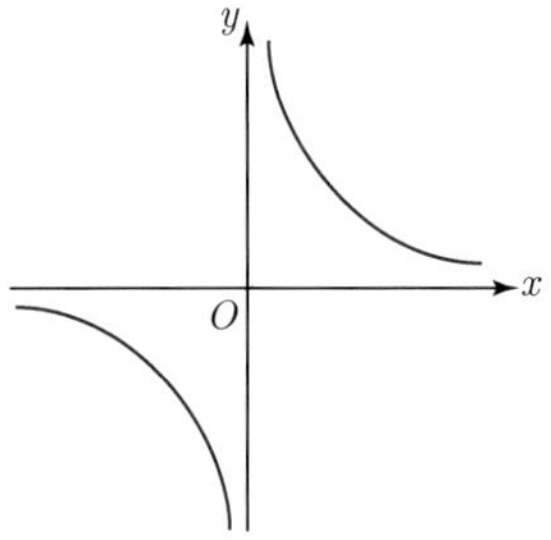

그림 1.28 $y=\dfrac{1}{x}$

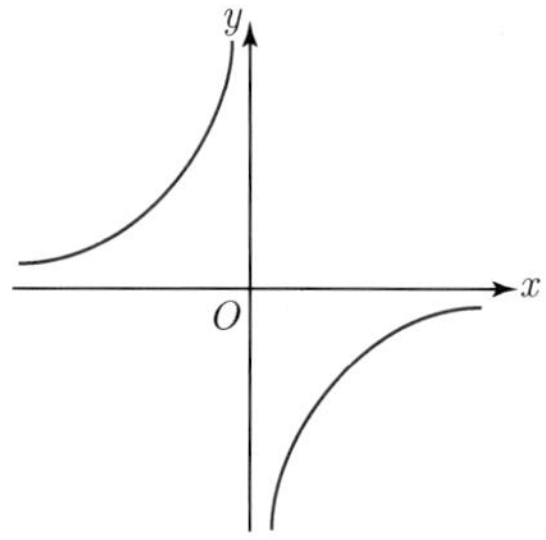

그림 1.29 $y=-\dfrac{1}{x}$

일반적으로 함수 $y=\dfrac{k}{x}$에서 $k>0$이면 그림 1.44와 같이 1사분면과 3사분면을 지나고, $k<0$이면 그림 1.45와 같이 2사분면과 4사분면을 지나는 직각 **쌍곡선**(hyperbola)이다. 이때 직선 $x=0$과 $y=0$을 이 쌍곡선의 **점근선**(asymptote)이라 한다. 또 $y=\dfrac{k}{x-p}+q$의 그래프는 $y=\dfrac{k}{x}$의 그래프를 x축으로 p만큼, y축으로 q만큼 평행이동시킨 것이다(그림 1.30, 1.31). 이때 직선 $x=p$와 $y=q$를 점근선이라 한다.

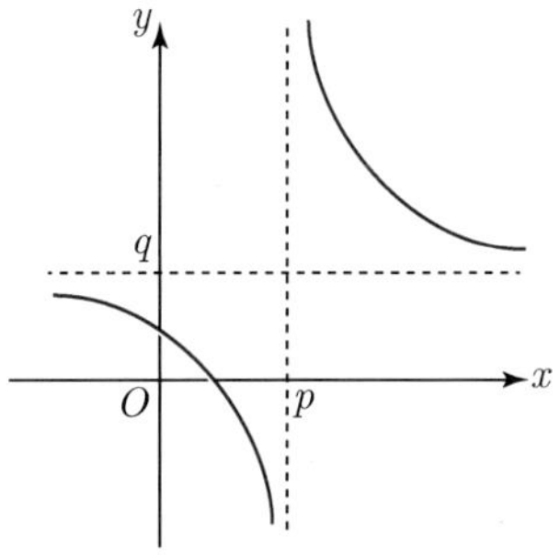

그림 1.30 점근선

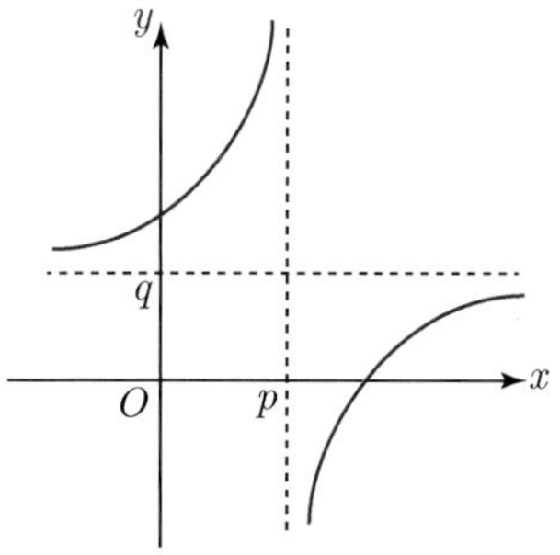

그림 1.31 점근선

예제 24 다음 함수의 점근선을 구하고 그래프를 그리시오.

(1) $y=\dfrac{x+1}{x}$

(2) $y=\dfrac{2x+1}{x+1}$

풀이 (1) $y=\dfrac{1}{x}+1$이므로 점근선은 $x=0,\ y=1$이고 그래프는 그림 1.32와 같다.

(2) 식을 변형하면

$$y=\frac{2(x+1)-1}{x+1}=-\frac{1}{x+1}+2$$

이므로 점근선은 $x=-1,\ y=2$이고 그래프는 그림 1.33과 같다.

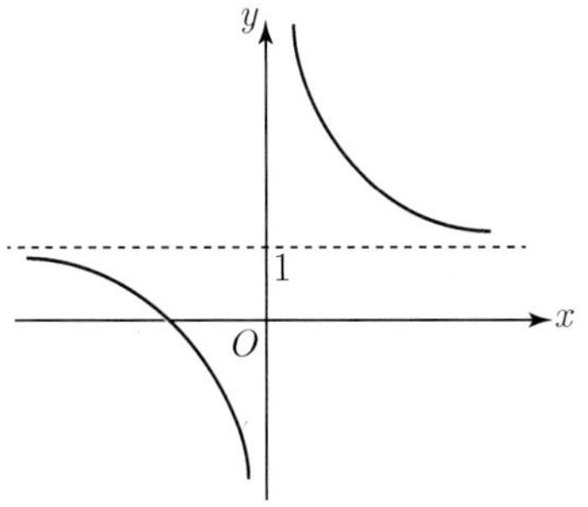

그림 1.32 $y=\dfrac{x+1}{x}$

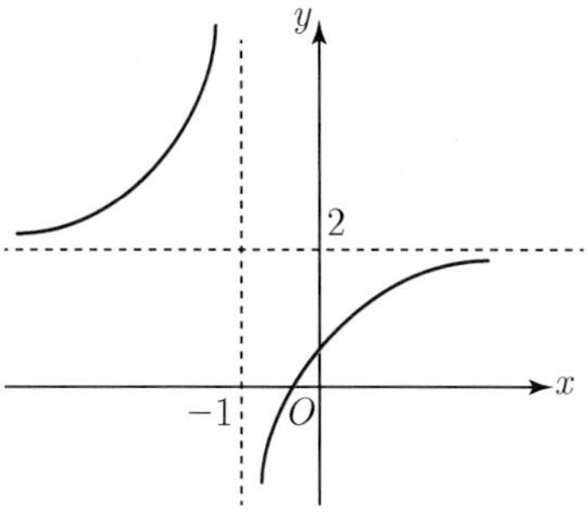

그림 1.33 $y=\dfrac{2x+1}{x+1}$ ■

문제 1.24 다음 함수의 점근선을 구하고 그래프를 그리시오.

(1) $y=\dfrac{2-x}{x-1}$

(2) $y=\dfrac{4x-3}{2x-1}$

함수 $y=\sqrt{x}$와 $y=-\sqrt{x}$의 그래프를 그려보자. 두 함수의 정의역은 $x\ge 0$이고 x축에 대하여 대칭이다. 몇 개의 값을 대입하여 그래프를 그려보면 다음과 같다.

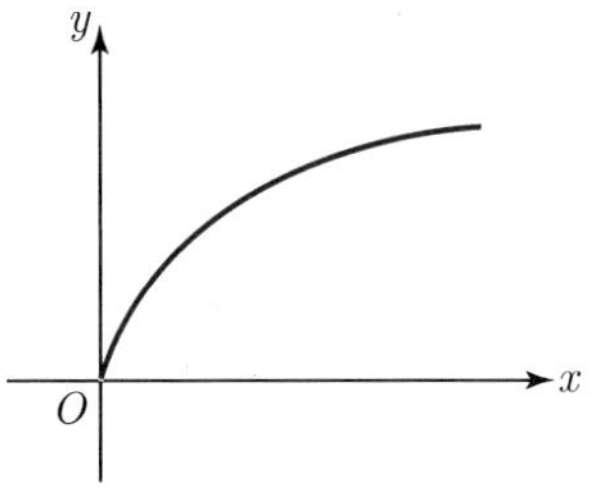

그림 1.34 $y=\sqrt{x}$

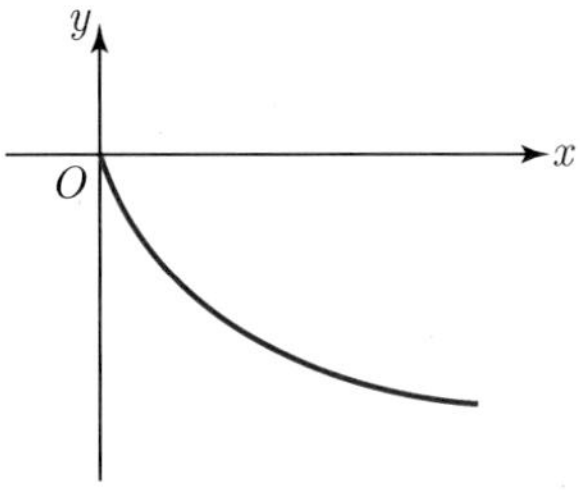

그림 1.35 $y=-\sqrt{x}$

이번에는 함수 $y=\sqrt{-x}$ 와 $y=-\sqrt{-x}$ 의 그래프를 그려보자. 두 함수의 정의역은 $x \le 0$이고 x축에 대하여 대칭이다. 몇 개의 값을 대입하여 그래프를 그려보면 다음과 같다.

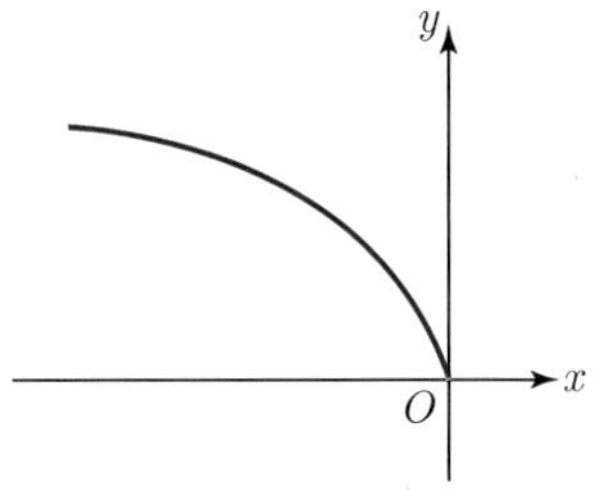

그림 1.36 $y=\sqrt{-x}$

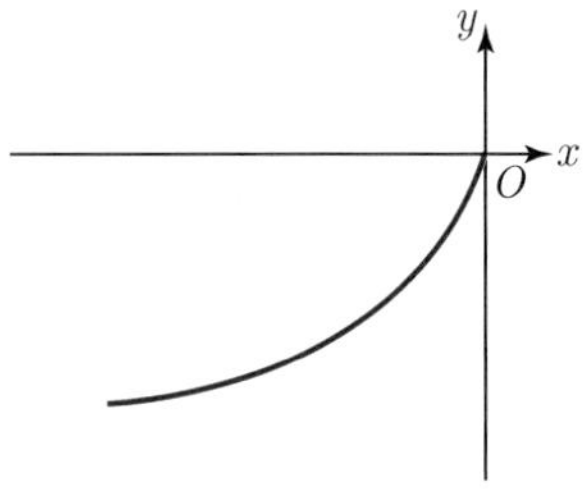

그림 1.37 $y=-\sqrt{-x}$

일반적으로 함수 $y=k\sqrt{ax}$ 의 그래프는 다음과 같이 k와 a의 부호에 따라 각 사분면에 그려지는 곡선이다.

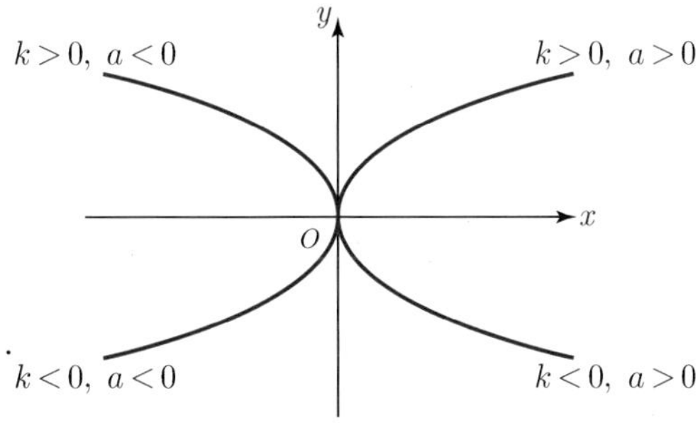

그림 1.38

또 $y=k\sqrt{a(x-p)}+q$의 그래프는 $y=k\sqrt{ax}$ 의 그래프를 x축으로 p만큼, y축으로 q만큼 평행이동시킨 것이다.

예제 25 다음 함수의 그래프를 그리시오.

(1) $y=\sqrt{2x-4}$

(2) $y=-\sqrt{-2x+4}+1$

풀이 (1) $y=\sqrt{2(x-2)}$ 이므로 $y=\sqrt{2x}$ 의 그래프를 x축으로 2만큼 평행이동한 것이다(그림 1.39).

(2) $y=-\sqrt{-2(x-2)}+1$ 이므로 $y=-\sqrt{-2x}$ 의 그래프를 x축으로 2만큼, y축으로 1만큼 평행이동한 것이다(그림 1.40).

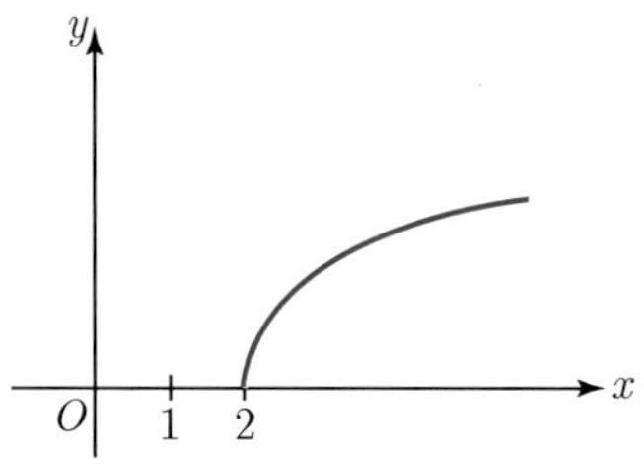

그림 1.39 $y=\sqrt{2x-4}$

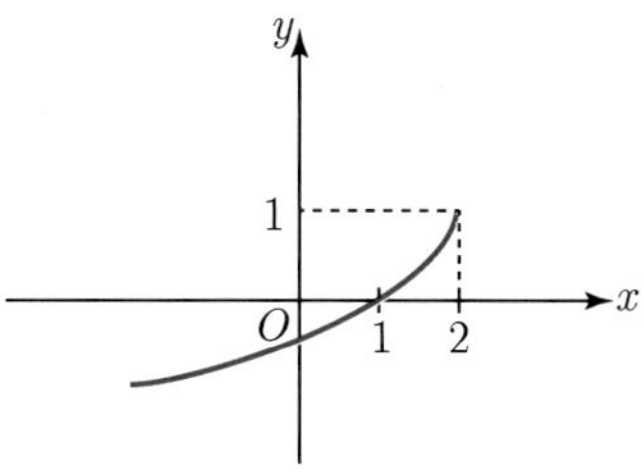

그림 1.40 $y=-\sqrt{-2x+4}+1$ ■

문제 1.25 다음 함수의 그래프를 그리시오.

(1) $y=-\sqrt{x+3}+1$

(2) $y=\sqrt{3-2x}-1$

연습문제 1.7

1. 다음 함수의 그래프를 그리시오.

(1) $y=\dfrac{2x-1}{x+1}$

(2) $y=\dfrac{1-2x}{x-1}$

(3) $y=-\sqrt{x-2}+1$

(4) $y=\sqrt{4-2x}-1$

2. 함수 $y=\dfrac{-4x+2}{2x-3}$ 의 점근선을 구하시오.

3. 함수 $y=\dfrac{bx+3}{x+a}$ 의 점근선이 $x=1,\ y=2$일 때 a, b의 값을 구하시오.

수열과 급수 2

2.1 등차수열과 등비수열

어떤 종류의 토끼는 태어난 지 두 달 후부터 매달 한 쌍의 새끼를 낳는다고 하자. 기르는 동안 죽는 토끼가 없다고 할 때, 1월 1일에 태어난 한 쌍의 토끼가 번식하여 매달 몇 쌍이 되는지 알아보자.

(1) 1월 1일에는 1쌍
(2) 2월 1일에도 1쌍
(3) 3월 1일에는 새끼를 1쌍 낳으므로 모두 2쌍
(4) 4월 1일에는 다시 새끼를 1쌍 낳으므로 모두 3쌍
(5) 5월 1일에는 어미가 새끼를 1쌍 낳고 3월 1일에 태어난 토끼도 새끼를 1쌍 낳는다. 즉, 3월 1일에 있었던 2쌍의 토끼가 각각 1쌍씩 낳는다. 따라서 모두 5쌍
(6) 6월 1일에는 4월 1일에 있었던 3쌍의 토끼가 각각 1쌍씩 낳으므로 모두 8쌍이다. 7월 1일에는 토끼가 몇 쌍이 되겠는가? 매월 1일의 토끼의 쌍 수를 나열하면

$$1, 1, 2, 3, 5, 8, \cdots$$

이다. 이렇게 수를 어떤 규칙에 따라 나열한 것을 **수열**(sequence)이라 한다. 수열을 이루는

각 수를 그 수열의 **항**이라 하고

$$a_1, a_2, a_3, \cdots, a_n, \cdots$$

이라 나타내며 간단히

$$\langle a_n \rangle \text{ 또는 } \{a_n\}$$

이라 나타낸다. 또 a_n을 **일반항**이라 한다. 예를 들어, 짝수들의 수열에서

$$a_1 = 2,\ a_2 = 4,\ a_3 = 6,\ \cdots,\ a_n = 2n,\ \cdots$$

이다.

예제 1 다음 수열의 처음 네 항을 나열하시오.

(1) $a_n = 3n - 2$ (2) $a_n = \dfrac{(-1)^n}{2n-1}$

풀이 (1) $a_1 = 3 \cdot 1 - 2 = 1,\quad a_2 = 3 \cdot 2 - 2 = 4$

$a_3 = 3 \cdot 3 - 2 = 7,\quad a_4 = 3 \cdot 4 - 2 = 10$

(2) $a_1 = \dfrac{(-1)^1}{2 \cdot 1 - 1} = -1,\quad a_2 = \dfrac{(-1)^2}{2 \cdot 2 - 1} = \dfrac{1}{3}$

$a_3 = \dfrac{(-1)^3}{2 \cdot 3 - 1} = -\dfrac{1}{5},\quad a_4 = \dfrac{(-1)^4}{2 \cdot 4 - 1} = \dfrac{1}{7}$ ■

문제 2.1 다음 수열의 처음 네 항을 나열하시오.

(1) $a_n = \dfrac{n}{n+1}$ (2) $a_n = 3^n + (-1)^n$

앞의 항에 일정한 수를 더하여 다음 항이 얻어지는 수열, 즉

$$a_{n+1} = a_n + d,\ n = 1, 2, \cdots$$

인 수열을 **등차수열**(arithmetic sequence)이라 하고 더하는 일정한 수 d를 공차라 한다.

예제 ② 수열 7, 11, x, 19, $\cdots$가 등차수열이 되도록 공차와 x값을 구하시오.

풀이 $d = a_2 - a_1 = 11 - 7 = 4$이고 $x = a_2 + d = 11 + 4 = 15$ ■

문제 2.2 수열 7, 4, x, -2, $\cdots$가 등차수열이 되도록 공차와 x값을 구하시오.

첫째항이 a이고 공차가 d인 등차수열의 각 항을 계산해보자.

$$\begin{aligned} a_1 &= a \\ a_2 &= a_1 + d = a + d \\ a_3 &= a_2 + d = (a+d) + d = a + 2d \\ a_4 &= a_3 + d = (a+2d) + d = a + 3d \\ &\vdots \end{aligned}$$

따라서 일반항은

$$a_n = a + (n-1)d$$

이다.

예제 ③ 다음을 구하시오.

(1) 첫째항이 -5이고 공차가 3인 등차수열의 제10항

(2) 제4항이 20이고 제13항이 65인 등차수열의 공차와 일반항

풀이 (1) $a_{10} = a + 9d = -5 + 9 \cdot 3 = 22$

(2) $a_4 = 20$, $a_{13} = 65$이고 $a_{13} = a_4 + 9d$이므로

$$65 = 20 + 9d, \ \ d = 5$$

$a_4 = a_1 + 3d$이므로

$$20 = a_1 + 3 \cdot 5, \ \ a_1 = 5$$

따라서 일반항은

$$a_n = 5 + (n-1) \cdot 5 = 5n$$ ■

문제 2.3 다음을 구하시오.

(1) 첫째항이 8이고 공차가 -2인 등차수열의 제20항

(2) 첫째항이 -3이고 제19항이 33인 등차수열의 공차와 일반항

첫째항이 a이고 공차가 d인 등차수열에서 첫째항부터 제n항까지의 합을 구하는 공식을 알아보자. 첫째항부터 제n항까지의 합을 S_n이라 하면

$$S_n = a + (a+d) + \cdots + (a_n - d) + a_n$$

이고 S_n의 우변을 역순으로 쓰면

$$S_n = a_n + (a_n - d) + \cdots + (a+d) + a$$

두 식을 더하면

$$2S_n = (a+a_n) + (a+a_n) + \cdots + (a+a_n) + (a+a_n) = n(a+a_n)$$

이므로

$$S_n = \frac{n(a+a_n)}{2}$$

이다. $a_n = a_1 + (n-1)d$이므로

$$S_n = \frac{n[2a+(n-1)d]}{2}$$

이상을 정리하면 다음과 같다.

정의 2.1

첫째항이 a_1이고 공차가 d인 등차수열에서 첫째항부터 제n항까지의 합 S_n은

$$S_n = \frac{n(a+a_n)}{2}$$

또는

$$S_n = \frac{n[2a+(n-1)d]}{2}$$

예제 4 다음을 구하시오.

(1) 첫째항이 3이고 공차가 4인 등차수열에서 S_8

(2) 1에서 100까지의 자연수의 합

풀이 (1) $S_8 = \dfrac{8[2 \cdot 3 + (8-1) \cdot 4]}{2} = \dfrac{8(6+28)}{2} = 136$

(2) 첫째항이 1이고 제100항이 100인 등차수열이므로

$$A_{100} = \frac{100(1+100)}{2} = 50 \cdot 101 = 5050$$

■

문제 2.4 다음을 구하시오.

(1) 첫째항이 -8이고 공차가 3인 등차수열에서 S_6

(2) 두 자리 홀수 전체의 합

앞의 항에 일정한 수를 곱하여 다음 항이 얻어지는 수열, 즉

$$a_{n+1} = ra_n, \ n = 1, 2, \cdots$$

인 수열을 **등비수열**(geometric sequence)이라 하고 곱하는 일정한 수 r을 **공비**라 한다.

예제 5 수열 $-\dfrac{1}{3}, \dfrac{1}{9}, x, \dfrac{1}{81}, \cdots$이 등비수열이 되도록 공비와 x값을 구하시오.

풀이 $a_2 = ra_1$이므로 $\dfrac{1}{9} = r\left(-\dfrac{1}{3}\right)$. 따라서 $r = -\dfrac{1}{3}$이고

$$x = r\frac{1}{9} = -\frac{1}{3} \cdot \frac{1}{9} = -\frac{1}{27}$$

■

문제 2.5 등비수열 $4, 2\sqrt{2}, 2, \sqrt{2}, \cdots$의 공비를 구하시오.

첫째항이 a이고 공비가 r인 등차수열의 각 항을 계산해보자.

$$a_1 = a$$

$$a_2 = a_1 r = ra$$

$$a_3 = a_2 r = (ar)r = ar^2$$
$$a_4 = a_3 r = (ar^2)r = ar^3$$
$$\vdots$$

따라서 일반항은

$$a_n = ar^{n-1}$$

이다.

예제 6 다음을 구하시오.

(1) 첫째항이 3이고 공비가 2인 등비수열의 제10항

(2) 제4항이 125이고 제10항이 $\dfrac{125}{64}$인 등비수열의 공비와 일반항

풀이 (1) $a_{10} = ar^9 = 3 \cdot 2^9 = 1536$

(2) $a_4 = ar^3 = 125$이고 $a_{10} = ar^9 = \dfrac{125}{64}$이므로

$$125r^6 = \frac{125}{64}$$
$$r^6 = \frac{1}{64},\ r = \frac{1}{2}$$

첫째항을 구하면

$$a_4 = a\left(\frac{1}{2}\right)^3 = 125$$

이므로

$$\frac{a}{8} = 125,\ a = 8 \cdot 125 = 1000$$

따라서 일반항은

$$a_n = 1000\left(\frac{1}{2}\right)^{n-1} = \frac{1000}{2^{n-1}} = \frac{2^3 \cdot 125}{2^{n-1}} = \frac{125}{2^{n-4}}$$ ■

문제 2.6 다음을 구하시오.

(1) 첫째항이 3이고 공비가 $-\sqrt{2}$인 등비수열의 제9항

(2) 제4항이 $4\sqrt{2}$이고 제11항이 64인 등비수열의 공비와 일반항

첫째항이 a이고 공비가 r인 등비수열에서 첫째항부터 제n항까지의 합을 구하는 공식을 알아보자. 첫째항부터 제n항까지의 합을 S_n이라 하면

$$S_n = a + ar + ar^2 + \cdots + ar^{n-2} + ar^{n-1}$$

이고 양변에 r을 곱하면

$$rS_n = ar + ar^2 + ar^3 + \cdots + ar^{n-1} + ar^n$$

두 식을 빼면

$$(1-r)S_n = a - ar^n$$

이므로 $r \neq 1$일 때는

$$S_n = \frac{a(1-r^n)}{1-r}$$

이고 $r = 1$일 때는

$$S_n = a + a + \cdots + a = na$$

이상을 정리하면 다음과 같다.

❙ 정의 2.2 ❙

첫째항이 a이고 공비가 r인 등비수열에서 첫째항부터 제n항까지의 합 S_n은

$r \neq 1$일 때 $S_n = \dfrac{a(1-r^n)}{1-r} = \dfrac{a(r^n-1)}{r-1}$

$r = 1$일 때 $S_n = na$

예제 7 첫째항이 9이고 공비가 $-\frac{2}{3}$인 등비수열의 처음 4개항의 합을 구하시오.

풀이 $S_4 = \frac{a(1-r^n)}{1-r} = \frac{9\left[1-\left(-\frac{2}{3}\right)^4\right]}{1-\left(-\frac{2}{3}\right)} = \frac{9\left(1-\frac{16}{81}\right)}{\frac{5}{3}} = \frac{13}{3}$ ■

문제 2.7 첫째항이 3이고 공비가 2인 등비수열의 처음 10개항의 합을 구하시오.

예제 8 연이율이 r이고 1년마다 복리로 매년 초에 a원을 적립할 때 n년째 연말의 원리합계를 구하시오.

풀이 a원을 저금하여 1년 후에는

$$\text{원금} + 1\text{년간의 이자} = a + ar = a(1+r)$$

이고 2년 후에는

$$\begin{aligned}&1\text{년 후의 원리합계} + 1\text{년간의 이자}\\&= a(1+r) + a(1+r)r = a(1+r)^2\end{aligned}$$

이며 3년 후에는

$$\begin{aligned}&2\text{년 후의 원리합계} + 1\text{년간의 이자}\\&= a(1+r)^2 + a(1+r)^2r = a(1+r)^3\end{aligned}$$

이다. 따라서 첫해에 저금한 a원은 n년째 연말에는

$$a(1+r)^n$$

이 된다. 마찬가지 방법으로 둘째 해에 저금한 a원은 $n-1$년 동안 저금한 것이므로

$$a(1+r)^{n-1}$$

이 되며 마지막 해 초에 저금한 a원은 1년 동안 저금한 것이므로

$$a(1+r)$$

이 된다. 따라서 원리합계는

$$S_n = a(1+r) + a(1+r)^2 + \cdots + a(1+r)^{n-1} + a(1+r)^n$$

이것은 첫째항이 $a(1+r)$이고 공비가 $1+r$인 등비수열의 첫째항부터 제n항까지의 합이므로

$$S_n = \frac{a(1+r)[(1+r)^n - 1]}{(1+r)-1} = \frac{a(1+r)[(1+r)^n - 1]}{r}$$

이다. ■

문제 2.8 연이율이 3.6%이고 매달 복리로 10만 원씩 3년간 정기적금할 때 원리합계를 구하시오. (단, $1.003^{36} \fallingdotseq 1.114$로 계산한다.)

연습문제 2.1

1. 다음 등차수열의 일반항과 제10항까지의 합을 구하시오.

(1) $-12, -8, -4, 0, \cdots$ (2) 첫째항 3, 공차 $\sqrt{2}$

2. 다음 등비수열의 일반항과 제10항까지의 합을 구하시오.

(1) $\frac{1}{4}, \frac{1}{2}, 1, 2, \cdots$ (2) 첫째항 2, 공비 $\sqrt{2}$

3. 세 수 a, x, b가 등차수열을 이룰 때 x를 a와 b로 표현하시오. (x를 **등차중항**이라 한다.)

4. 세 수 a, x, b가 등차수열을 이룰 때 x를 a와 b로 표현하시오. (x를 **등비중항**이라 한다.)

5. 부채꼴 모양의 극장의 제일 앞줄은 좌석이 20개이고 두 번째 줄은 22개, 세 번째 줄은 24개로 2개씩 늘어나며 모두 20개의 줄이 있다고 하자. 극장의 전체 좌석 수를 구하시오.

2.2 합의 기호 $\sum$

일정한 규칙을 가진 수를 여러 개 더할 때에는 기호 $\sum$를 이용하여 다음과 같이 나타내면 편리하다.

$$a_1 + a_2 + \cdots + a_n = \sum_{k=1}^{n} a_k$$

즉, $\sum_{k=1}^{n} a_k$는 a_k의 k에 $1, 2, \cdots, n$을 대입하여 얻은 항 $a_1, a_2, \cdots, a_n$의 합을 의미한다. 따라서 k 대신 다른 문자를 써도 된다. 예를 들면

$$\sum_{k=1}^{n} a_k = \sum_{i=1}^{n} a_i = \sum_{j=1}^{n} a_j$$

이다.

$\sum$는 '합'을 뜻하는 영어 'Summation'의 S에 해당하는 그리스 문자의 대문자 **시그마**(Sigma)라고 읽는다. 합을 나타내는 기호로는 $\sum$ 외에 적분을 나타내는 $\int$ 도 있다. $\int$ 은 영어 S를 아래위로 길게 늘인 것이다. 두 기호의 차이는 $\sum$는 이산적인 양을 더할 때 이용되고 $\int$ 은 주로 연속적인 양을 더할 때 이용된다는 것이다.

예제 9 다음 합을 $\sum$ 기호를 이용하여 나타내시오.

(1) $1+3+5+ \cdots +(2n-1)$

(2) $1^2+2^2+3^2+ \cdots +100^2$

풀이 (1) $1+3+5+ \cdots +(2n-1) = \sum_{k=1}^{n}(2k-1)$

(2) $1^2+2^2+3^2+ \cdots +100^2 = \sum_{k=1}^{100} k^2$ ■

문제 2.9 다음 합을 $\sum$ 기호를 이용하여 나타내시오.

(1) $\frac{1}{3}+\frac{1}{4}+\frac{1}{5}+ \cdots +\frac{1}{100}$

(2) $(1+10)+(2+10^2)+\cdots+(7+10^7)$

합의 기호 $\sum$의 성질을 알아보자.

$$\begin{aligned}\sum_{k=1}^{n}(a_k+b_k) &= (a_1+b_1)+(a_2+b_2)+\cdots+(a_n+b_n)\\ &= (a_1+a_2+\cdots+a_n)+(b_1+b_2+\cdots+b_n)\\ &= \sum_{k=1}^{n}a_k+\sum_{k=1}^{n}b_k\end{aligned}$$

이다. 아래 정리의 다른 성질들도 비슷한 방법으로 쉽게 보일 수 있다.

정의 2.3

(1) $\sum_{k=1}^{n}(a_k+b_k)=\sum_{k=1}^{n}a_k+\sum_{k=1}^{n}b_k$

(2) $\sum_{k=1}^{n}(a_k-b_k)=\sum_{k=1}^{n}a_k-\sum_{k=1}^{n}b_k$

(3) $\sum_{k=1}^{n}ca_k=c\sum_{k=1}^{n}a_k$, c는 상수

(4) $\sum_{k=1}^{n}c=cn$, c는 상수

예제 10 $\sum_{k=1}^{10}a_k=22$, $\sum_{k=1}^{10}b_k=8$일 때 다음 값을 구하시오.

(1) $\sum_{k=1}^{10}(2a_k+b_k)$ (2) $\sum_{k=1}^{10}(5b_k-2)$

풀이 (1) $\sum_{k=1}^{10}(2a_k+b_k)=2\sum_{k=1}^{10}a_k+\sum_{k=1}^{10}b_k=2\cdot 22+8=52$

(2) $\sum_{k=1}^{10}(5b_k-2)=5\sum_{k=1}^{10}b_k-\sum_{k=1}^{10}2=5\cdot 8-2\cdot 10=20$ ■

문제 2.10 $\sum_{k=1}^{10} a_k = 15$, $\sum_{k=1}^{10} b_k = -8$일 때 다음 값을 구하시오.

(1) $\sum_{k=1}^{10}(2a_k + 3b_k)$　　　　(2) $\sum_{k=1}^{10}(a_k - 2b_k - 3)$

자연수의 거듭제곱의 합을 구해보자. 먼저

$$\sum_{k=1}^{n} k = 1 + 2 + 3 + \cdots + n$$

은 첫째항이 1이고 공차가 1인 등차수열의 합이므로

$$\sum_{k=1}^{n} k = \frac{n(n+1)}{2}$$

이다. 다음에는

$$\sum_{k=1}^{n} k^2 = 1^2 + 2^2 + 3^2 + \cdots + n^2$$

을 구하는 방법을 생각해보자. 항등식 $(x+1)^3 - x^3 = 3x^2 + 3x + 1$의 x에 1, 2, ⋯, n을 각각 대입하면

$$\begin{aligned} 2^3 - 1^3 &= 3 \cdot 1^2 + 3 \cdot 1 + 1 \\ 3^3 - 2^3 &= 3 \cdot 2^2 + 3 \cdot 2 + 1 \\ &\vdots \\ (n+1)^3 - n^3 &= 3 \cdot n^2 + 3 \cdot n + 1 \end{aligned}$$

이다. 이 n개의 식을 더하면

$$(n+1)^3 - 1^3 = 3\sum_{k=1}^{n} k^2 + 3\sum_{k=1}^{n} k + \sum_{k=1}^{n} 1$$

그런데 $\sum_{k=1}^{n} k = \frac{n(n+1)}{2}$이고 $\sum_{k=1}^{n} 1 = n$이므로

$$3\sum_{k=1}^{n} k^2 = (n+1)^3 - 1 - \frac{3n(n+1)}{2} - n = \frac{n(n+1)(2n+1)}{2}$$

따라서

$$\sum_{k=1}^{n} k^2 = \frac{n(n+1)(2n+1)}{6}$$

같은 방법으로 항등식 $(x+1)^4 - x^4 = 4x^3 + 6x^2 + 4x + 1$의 x에 1, 2, $\cdots$, n을 각각 대입하여 얻은 n개의 식을 더하고 정리하면

$$\sum_{k=1}^{n} k^3 = \left(\frac{n(n+1)}{2}\right)^2$$

을 얻는다. 이상을 정리하면 다음과 같다.

정리 2.4

(1) $\displaystyle\sum_{k=1}^{n} k = \frac{n(n+1)}{2}$ (2) $\displaystyle\sum_{k=1}^{n} k^2 = \frac{n(n+1)(2n+1)}{6}$

(3) $\displaystyle\sum_{k=1}^{n} k^3 = \left(\frac{n(n+1)}{2}\right)^2$

예제 11 다음 합을 구하시오.

(1) $\displaystyle\sum_{k=1}^{4} (6k - 4k^2)$ (2) $\displaystyle\sum_{k=1}^{n} (k+1)(k+2)$

(3) $\displaystyle\sum_{k=1}^{n} \frac{1}{k(k+1)}$ (4) $\displaystyle\sum_{k=1}^{n} \frac{1}{(2k-1)(2k+1)}$

풀이 (1) $\displaystyle\sum_{k=1}^{4} (6k - 4k^2) = 6\sum_{k=1}^{4} k - 4\sum_{k=1}^{4} k^2$

$$= 6\frac{4(4+1)}{2} - 4 \cdot \frac{4(4+1)(8+1)}{6}$$

$$= -60$$

(2) $\displaystyle\sum_{k=1}^{n} (k+1)(k+2) = \sum_{k=1}^{n} (k^2 + 3k + 2)$

$$= \sum_{k=1}^{n} k^2 + 3\sum_{k=1}^{n} k + \sum_{k=1}^{n} 2$$

$$= \frac{n(n+1)(2n+1)}{6} + \frac{3n(n+1)}{2} + 2n$$

$$= \frac{n(n^2+6n+11)}{3}$$

(3) $\dfrac{1}{k(k+1)} = \dfrac{1}{k} - \dfrac{1}{k+1}$ 이므로

$$\sum_{k=1}^{n} \frac{1}{k(k+1)} = \sum_{k=1}^{n} \left(\frac{1}{k} - \frac{1}{k+1}\right)$$

$$= \left(\frac{1}{1} - \frac{1}{2}\right) + \left(\frac{1}{2} - \frac{1}{3}\right) + \cdots + \left(\frac{1}{n} - \frac{1}{n+1}\right)$$

$$= 1 - \frac{1}{n+1} = \frac{n}{n+1}$$

(4) $\dfrac{1}{(2k-1)(2k+1)} = \dfrac{1}{2}\left(\dfrac{1}{2k-1} - \dfrac{1}{2k+1}\right)$ 이므로

$$\sum_{k=1}^{n} \frac{1}{(2k-1)(2k+1)} = \sum_{k=1}^{n} \frac{1}{2}\left(\frac{1}{2k-1} - \frac{1}{2k+1}\right)$$

$$= \frac{1}{2}\left(\frac{1}{1} - \frac{1}{3}\right) + \frac{1}{2}\left(\frac{1}{3} - \frac{1}{5}\right) + \cdots$$

$$+ \frac{1}{2}\left(\frac{1}{2n-1} - \frac{1}{2n+1}\right)$$

$$= \frac{1}{2}\left(1 - \frac{1}{2n+1}\right)$$

$$= \frac{n}{2n+1}$$

■

문제 2.11 다음 합을 구하시오.

(1) $\displaystyle\sum_{k=1}^{10} (k^3 - k)$

(2) $\displaystyle\sum_{k=1}^{n} k(k+1)$

(3) $\displaystyle\sum_{k=1}^{n} \frac{1}{k(k+2)}$

(4) $\dfrac{1}{4} + \dfrac{1}{12} + \cdots + \dfrac{1}{2n(n+1)}$

연습문제 2.2

1. 다음 합을 $\sum$ 기호를 이용하여 나타내고 합을 계산하시오.

(1) $2+4+6+8+\cdots+100$

(2) $3+7+11+15+\cdots+39$

(3) $1^2+3^2+5^2+7^2+\cdots+23^2$

(4) $1+2+2^2+2^3+\cdots+2^{10}$

2. 다음 합을 계산하시오.

(1) $\displaystyle\sum_{k=1}^{n}(2k+1)$

(2) $\displaystyle\sum_{k=1}^{n}(3k-2)^2$

(3) $\displaystyle\sum_{k=1}^{n}\frac{1}{(3k-2)(3k+1)}$

(4) $\displaystyle\sum_{k=1}^{n}\frac{1}{\sqrt{2k+2}+\sqrt{2k}}$

(5) $\displaystyle\sum_{k=1}^{4}5\left(\frac{2}{3}\right)^k$

(6) $\displaystyle\sum_{k=1}^{10}4\left(\frac{1}{2}\right)^{k-1}$

3. 항등식 $(x+1)^4-x^4=4x^3+6x^2+4x+1$을 이용하여

$$\sum_{k=1}^{n}k^3=\left(\frac{n(n+1)}{2}\right)^2$$

임을 보이시오.

2.3 수열의 극한

수열 $\langle a_n \rangle$에서 n이 한없이 커질 때 일반항 a_n이 어떻게 변하는지 알아보자. 예를 들어 수열

$$1,\ \frac{1}{2},\ \frac{1}{3},\ \frac{1}{4},\ \cdots,\ \frac{1}{n},\ \cdots$$

에서 n이 한없이 커지면 $a_n = \dfrac{1}{n}$은 0에 한없이 가까워질 것이라고 쉽게 예측할 수 있다. 또 수열

$$\frac{1}{2},\ \frac{2}{3},\ \frac{3}{4},\ \frac{4}{5},\ \cdots,\ \frac{n}{n+1},\ \cdots$$

에서 n이 한없이 커지면 $a_n = \dfrac{n}{n+1}$은 1에 한없이 가까워진다. 일반적으로 수열 $\langle a_n \rangle$에서 n이 한없이 커질 때 a_n이 어떤 일정한 값 l에 한없이 가까워지면 수열 $\langle a_n \rangle$은 l로 **수렴한다**(converge)고 하고 l을 $\langle a_n \rangle$의 **극한값**(limit)이라 하며

$$\lim_{n \to \infty} a_n = l$$

이라 나타낸다.

다음 세 수열을 생각해보자.

$$1^2,\ 2^2,\ 3^2,\ 4^2,\ \cdots,\ n^2,\ \cdots$$
$$-2,\ -4,\ -6,\ -8,\ \cdots,\ -2n,\ \cdots$$
$$1,\ -1,\ 1,\ -1,\ \cdots,\ (-1)^{n+1},\ \cdots$$

n이 한없이 커지면 첫 번째 수열은 $a_n = n^2$이 한없이 커지고, 두 번째 수열은 $a_n = -2n$이 음수로서 그 절댓값이 한없이 커지며 세 번째 수열은 1과 -1이 계속 반복된다. 이와 같이 수열이 일정한 값에 수렴하지 않을 때 **발산한다**(diverge)고 한다. 특히 위의 첫 번째 수열은 무한대로 발산한다고 하며

$$\lim_{n \to \infty} a_n = \infty$$

라 나타내고, 두 번째 수열은 음의 무한대로 발산한다고 하며

$$\lim_{n\to\infty} a_n = -\infty$$

라 나타낸다. 또 세 번째 수열은 진동한다고 한다.

예제 12 일반항이 다음과 같은 수열의 극한값을 구하시오.

(1) $a_n = \dfrac{n}{n+3}$ (2) $a_n = \dfrac{1}{2n+1}$

(3) $a_n = 2n-1$ (4) $a_n = 100-n^2$

풀이 (1) $\lim\limits_{n\to\infty} \dfrac{n}{n+3} = 1$ (2) $\lim\limits_{n\to\infty} \dfrac{1}{2n+1} = 0$

(3) $\lim\limits_{n\to\infty} (2n-1) = \infty$ (4) $\lim\limits_{n\to\infty} (100-n^2) = -\infty$ ■

문제 2.12 일반항이 다음과 같은 수열의 극한값을 구하시오.

(1) $a_n = \dfrac{2n+1}{n}$ (2) $a_n = \dfrac{(-1)^n}{2^n}$

(3) $a_n = n-n^2$ (4) $a_n = 2^n$

두 수열 $\langle a_n \rangle$, $\langle b_n \rangle$이 각각

$$1.1,\ 1.01,\ 1.001,\ 1.0001,\ \cdots$$
$$2.1,\ 2.01,\ 2.001,\ 2.0001,\ \cdots$$

이라 하면 $\lim\limits_{n\to\infty} a_n = 1$, $\lim\limits_{n\to\infty} b_n = 2$이다. 또 수열 $\langle a_n + b_n \rangle$은

$$3.2,\ 3.02,\ 3.002,\ 3.0002,\ \cdots$$

이므로 $\lim\limits_{n\to\infty} (a_n + b_n) = 3$이다. 따라서

$$\lim_{n\to\infty} (a_n + b_n) = \lim_{n\to\infty} a_n + \lim_{n\to\infty} b_n$$

임을 알 수 있다. 일반적으로 다음 성질이 성립한다.

정리 2.5

두 수열 $\langle a_n \rangle$, $\langle b_n \rangle$이 수렴하고 $\lim_{n\to\infty} a_n = l$, $\lim_{n\to\infty} b_n = m$일 때

(1) $\lim_{n\to\infty} ka_n = k\lim_{n\to\infty} a_n = kl$

(2) $\lim_{n\to\infty} (a_n + b_n) = \lim_{n\to\infty} a_n + \lim_{n\to\infty} b_n = l + m$

(3) $\lim_{n\to\infty} (a_n - b_n) = \lim_{n\to\infty} a_n - \lim_{n\to\infty} b_n = l - m$

(4) $\lim_{n\to\infty} a_n b_n = (\lim_{n\to\infty} a_n)(\lim_{n\to\infty} b_n) = lm$

(5) $\lim_{n\to\infty} \dfrac{a_n}{b_n} = \dfrac{\lim_{n\to\infty} a_n}{\lim_{n\to\infty} b_n} = \dfrac{l}{m}$, 단 $b_n \neq 0$, $m \neq 0$

위의 성질을 이용하면 많은 극한값을 쉽게 구할 수 있다.

예제 13 다음 극한값을 구하시오.

(1) $\lim_{n\to\infty} \dfrac{n-10}{3n+2}$

(2) $\lim_{n\to\infty} \dfrac{2n^2-n+2}{n^2+1}$

(3) $\lim_{n\to\infty} \dfrac{n^3+n^2-1}{n^2+1}$

(4) $\lim_{n\to\infty} (\sqrt{n^2+n} - n)$

풀이 (1) 분모, 분자를 n으로 나누면

$$\lim_{n\to\infty} \frac{n-10}{3n+2} = \lim_{n\to\infty} \frac{1-\dfrac{10}{n}}{3+\dfrac{2}{n}}$$

$$= \frac{\lim_{n\to\infty} 1 - 10\lim_{n\to\infty} \dfrac{1}{n}}{\lim_{n\to\infty} 3 + 2\lim_{n\to\infty} \dfrac{1}{n}}$$

$$= \frac{1-10\cdot 0}{3+2\cdot 0} = \frac{1}{3}$$

(2) 분모, 분자를 n^2으로 나누면

$$\lim_{n\to\infty}\frac{2n^2-n+2}{n^2+1}=\lim_{n\to\infty}\frac{2-\dfrac{1}{n}+\dfrac{2}{n^2}}{1+\dfrac{1}{n^2}}$$

$$=\frac{\lim_{n\to\infty}2-\lim_{n\to\infty}\dfrac{1}{n}+2\lim_{n\to\infty}\dfrac{1}{n^2}}{\lim_{n\to\infty}1+\lim_{n\to\infty}\dfrac{1}{n^2}}$$

$$=\frac{2-0+2\cdot 0}{1+0}=2$$

(3) 분모, 분자를 n^2으로 나누면

$$\lim_{n\to\infty}\frac{n^3+n^2-1}{n^2+1}=\lim_{n\to\infty}\frac{n+1-\dfrac{1}{n^2}}{1+\dfrac{1}{n^2}}=\infty$$

(4) 분모, 분자에 $\sqrt{n^2+n}+n$을 곱하면

$$\lim_{n\to\infty}(\sqrt{n^2+n}-n)=\lim_{n\to\infty}\frac{(\sqrt{n^2+n}-n)(\sqrt{n^2+n}+n)}{\sqrt{n^2+n}+n}$$

$$=\lim_{n\to\infty}\frac{n}{\sqrt{n^2+n}+n}$$

$$=\lim_{n\to\infty}\frac{1}{\sqrt{1+\dfrac{1}{n}}+1}$$

$$=\frac{1}{2}$$

■

문제 2.13 다음 극한값을 구하시오.

(1) $\lim_{n\to\infty}\dfrac{4n^2-2n+3}{2n^2-10n+1}$ (2) $\lim_{n\to\infty}\dfrac{1+2+3+\cdots+n}{n^2}$

(3) $\lim_{n\to\infty}\dfrac{n^3+1}{1-2n^2}$ (4) $\lim_{n\to\infty}\dfrac{1}{n-\sqrt{n^2+2n}}$

무한수열이 등비수열일 때 **무한등비수열**이라 한다. 즉,

$$a,\ ar,\ ar^2,\ \cdots,\ ar^{n-1},\ \cdots$$

을 무한등비수열이라 한다.

다음 정리는 쉽게 이해할 수 있다.

| 정의 2.6 |

$-1 < r < 1$일 때 $\lim_{n\to\infty} r^n = 0$

$$r = 1\text{일 때 } \lim_{n\to\infty} r^n = 1$$

$$r > 1\text{일 때 } \lim_{n\to\infty} r^n = \infty$$

$r \le -1$일 때 $\lim_{n\to\infty} r^n$은 진동한다.

예제 14 다음 극한값을 구하시오.

(1) $\lim_{n\to\infty}\left(-\frac{1}{2}\right)^n$ (2) $\lim_{n\to\infty}(1.01)^n$

(3) $\lim_{n\to\infty}\frac{2^n+100}{3^n+1}$ (4) $\lim_{n\to\infty}\frac{3^n+2^n}{3^n-2^n}$

풀이 (1) $\lim_{n\to\infty}\left(-\frac{1}{2}\right)^n = 0$

(2) $\lim_{n\to\infty}(1.01)^n = \infty$

(3) $$\lim_{n\to\infty}\frac{2^n+100}{3^n+1} = \lim_{n\to\infty}\frac{\left(\frac{2}{3}\right)^n + \frac{100}{3^n}}{1+\frac{1}{3^n}} = \frac{0+0}{1+0} = 0$$

(4) $$\lim_{n\to\infty}\frac{3^n+2^n}{3^n-2^n} = \lim_{n\to\infty}\frac{1+\left(\frac{2}{3}\right)^n}{1-\left(\frac{2}{3}\right)^n} = 1$$

■

문제 2.14 다음 극한값을 구하시오.

(1) $\lim_{n\to\infty}(0.9999)^n$

(2) $\lim_{n\to\infty}\frac{10^n}{1+3^n}$

(3) $\lim_{n\to\infty}\frac{4^{n+1}+5^{n+1}}{4^n+5^n}$

(4) $\lim_{n\to\infty}\frac{4^{n+1}-5^{n+1}}{4^n-5^n}$

연습문제 2.3

1. 다음 극한값을 구하시오.

(1) $\lim_{n\to\infty}\frac{\sqrt{n^2-2}}{n+1}$

(2) $\lim_{n\to\infty}\frac{(-1)^n n}{n^2+1}$

(3) $\lim_{n\to\infty}\left(1+\frac{(-1)^n}{n}\right)$

(4) $\lim_{n\to\infty}\frac{n^3}{1^2+2^2+\cdots+n^2}$

(5) $\lim_{n\to\infty}\frac{n}{\sqrt{n+1}-1}$

(6) $\lim_{n\to\infty}\sqrt{n^2-3n+2}-\sqrt{n^2+3n+2}$

(7) $\lim_{n\to\infty}\frac{1+2^n}{1-2^n}$

(8) $\lim_{n\to\infty}\frac{3^{n+1}+4^{n+2}}{3^n+4^{n+1}}$

2. 다음 무한수열이 수렴하도록 x값의 범위를 정하시오.

(1) $\lim_{n\to\infty}\left(\frac{3x+1}{2}\right)^n$

(2) $\lim_{n\to\infty}\left(\frac{3}{x-2}\right)^n$

2.4 무한급수

수열 $\langle a_n \rangle$의 각 항을 더한

$$a_1 + a_2 + a_3 + \cdots + a_n + \cdots$$

을 **급수**(series) 또는 **무한급수**(infinite series)라 한다. 위의 급수를 $\sum$를 이용하여

$$\sum_{n=1}^{\infty} a_n$$

이라 나타낸다. 무한급수 $\sum_{n=1}^{\infty} a_n$에서 처음 n개 항의 합

$$S_n = a_1 + a_2 + a_3 + \cdots + a_n$$

을 이 급수의 **부분합**(partial sum)이라 한다.

예제 15 다음 무한급수의 부분합을 구하시오.

(1) $\displaystyle\sum_{n=1}^{\infty} \frac{1}{n(n+1)}$　　　　(2) $\displaystyle\sum_{n=1}^{\infty} 3\left(\frac{1}{2}\right)^n$

풀이 (1) 부분분수로 변형하여 계산하면

$$\begin{aligned} S_n &= \sum_{k=1}^{n} \frac{1}{k(k+1)} = \sum_{k=1}^{n}\left(\frac{1}{k} - \frac{1}{k+1}\right) \\ &= 1 - \frac{1}{n+1} \\ &= \frac{n}{n+1} \end{aligned}$$

(2) 첫째항이 $\frac{3}{2}$이고 공비가 $\frac{1}{2}$인 등비수열의 제n항까지의 합이므로

$$S_n = \sum_{k=1}^{n} 3\left(\frac{1}{2}\right)^k = \frac{\frac{3}{2}\left(1 - \left(\frac{1}{2}\right)^n\right)}{1 - \frac{1}{2}} = 3 - 3\left(\frac{1}{2}\right)^n$$

■

문제 2.15 다음 무한급수의 부분합을 구하시오.

(1) $\sum_{n=1}^{\infty} \frac{1}{(2n-1)(2n+1)}$ (2) $\sum_{n=1}^{\infty} [3+4(n-1)]$

무한급수 $\sum_{n=1}^{\infty} a_n$의 부분합 S_n을 항으로 하는 수열

$$S_1,\ S_2,\ S_3,\ \cdots,\ S_n,\ \cdots$$

이 일정한 값 S에 수렴하면 무한급수 $\sum_{n=1}^{\infty} a_n$도 S에 **수렴한다(converge)**고 하고

$$\sum_{n=1}^{\infty} a_n = S$$

라 나타낸다. 또 수열 $\langle S_n \rangle$이 발산할 때 $\sum_{n=1}^{\infty} a_n$도 **발산한다(diverge)**고 한다. 특히

$$\lim_{n\to\infty} S_n = \infty \text{일 때} \sum_{n=1}^{\infty} a_n = \infty$$

$$\lim_{n\to\infty} S_n = -\infty \text{일 때} \sum_{n=1}^{\infty} a_n = -\infty$$

라 나타낸다.

예제 16 다음 무한급수의 수렴, 발산을 조사하시오.

(1) $\sum_{n=1}^{\infty} \frac{1}{(n+1)(n+2)}$ (2) $\sum_{n=1}^{\infty} (\sqrt{n+1} - \sqrt{n})$

풀이 (1) 부분합을 구하면

$$S_n = \sum_{k=1}^{n} \frac{1}{(k+1)(k+2)}$$
$$= \sum_{k=1}^{n} \left(\frac{1}{k+1} - \frac{1}{k+2}\right) = \frac{1}{2} - \frac{1}{n+2}$$

이므로

$$\lim_{n\to\infty} S_n = \lim_{n\to\infty}\left(\frac{1}{2} - \frac{1}{n+2}\right) = \frac{1}{2}$$

따라서

$$\sum_{n=1}^{\infty} \frac{1}{(n+1)(n+2)} = \frac{1}{2}$$

(2) 부분합을 구하면

$$S_n = \sum_{k=1}^{n} (\sqrt{k+1} - \sqrt{k}) = \sqrt{n+1} - 1$$

이므로

$$\lim_{n\to\infty} S_n = \lim_{n\to\infty} (\sqrt{n+1} - 1) = \infty$$

따라서

$$\sum_{n=1}^{\infty} (\sqrt{n+1} - \sqrt{n}) = \infty$$ ■

문제 2.16 다음 무한급수의 수렴, 발산을 조사하시오.

(1) $\displaystyle\sum_{n=1}^{\infty} \frac{1}{(2n-1)(2n+1)}$ (2) $\displaystyle\sum_{n=1}^{\infty} [100 - 2(n-1)]$

첫째항이 a이고 공비가 r인 등비수열 $\langle ar^{n-1} \rangle$에서 얻은 무한급수

$$\sum_{n=1}^{\infty} ar^{n-1} = a + ar + ar^2 + \cdots$$

를 **무한등비급수**라 한다. 무한등비급수의 부분합은

$$S_n = a + ar + ar^2 + \cdots + ar^{n-1}$$
$$= \begin{cases} \dfrac{a(1-r^n)}{1-r}, & r \neq 1 \\ na, & r = 1 \end{cases}$$

이다.

$$\lim_{n\to\infty} r^n = \begin{cases} 0, & |r|<1 \\ \text{발산}, & r>1 \text{ 또는 } r \le -1 \end{cases}$$

이므로

$$\lim_{n\to\infty} S_n = \begin{cases} \dfrac{a}{1-r}, & |r|<1 \\ \text{발산}, & r=1 \\ \text{발산}, & r>1 \text{ 또는 } r \le -1 \end{cases}$$

이다. 이상을 정리하면 다음과 같다.

| 정리 2.7 |

무한등비급수의 합은

$$\sum_{n=1}^{\infty} ar^{n-1} = \begin{cases} \dfrac{a}{1-r}, & |r|<1 \\ \text{발산}, & |r| \ge 1 \end{cases}$$

예제 17 다음 무한등비급수의 수렴, 발산을 조사하시오.

(1) $\displaystyle\sum_{n=1}^{\infty} \frac{2}{3^n}$ (2) $1-\sqrt{2}+2-2\sqrt{2}+-\ \cdots$

풀이 (1) 첫째항이 $\frac{2}{3}$이고 공비가 $\frac{1}{3}$인 무한등비급수이므로

$$S = \frac{\frac{2}{3}}{1-\frac{1}{3}} = 1$$

(2) 공비가 $-\sqrt{2}$이고 $|-\sqrt{2}| \ge 1$이므로 발산한다. ■

문제 2.17 다음 무한등비급수의 수렴, 발산을 조사하시오.

(1) $\displaystyle\sum_{n=1}^{\infty}\left(\frac{3}{(-5)^{n+2}}\right)$ (2) $\displaystyle\sum_{n=1}^{\infty} 4\left(\frac{6}{5}\right)^{n-1}$

앞 절에서 $\sum$ 기호는

$$\sum_{k=1}^{n}(a_k+b_k)=\sum_{k=1}^{n}a_k+\sum_{k=1}^{n}b_k$$

를 만족함을 알았다. 또, 두 수열의 합의 극한은 각 극한의 합과 같음을 알고 있다. 따라서 수렴하는 무한급수에 대해서는 다음이 성립함을 알 수 있다.

정리 2.8

두 무한급수 $\sum_{n=1}^{\infty}a_n$과 $\sum_{n=1}^{\infty}b_n$이 수렴하면

(1) $\sum_{n=1}^{\infty}(a_n+b_n)=\sum_{n=1}^{\infty}a_n+\sum_{n=1}^{\infty}b_n$

(2) $\sum_{n=1}^{\infty}(a_n-b_n)=\sum_{n=1}^{\infty}a_n-\sum_{n=1}^{\infty}b_n$

(3) $\sum_{n=1}^{\infty}ca_n=c\sum_{n=1}^{\infty}a_n$, c는 상수

예제 18 무한급수 $\sum_{n=1}^{\infty}\frac{1+2^n}{4^n}$의 합을 구하시오.

풀이 $\frac{1+2^n}{4^n}=\left(\frac{1}{4}\right)^n+\left(\frac{1}{2}\right)^n$이고 $\sum_{n=1}^{\infty}\left(\frac{1}{4}\right)^n$과 $\sum_{n=1}^{\infty}\left(\frac{1}{2}\right)^n$이 수렴하므로

$$\begin{aligned}\sum_{n=1}^{\infty}\frac{1+2^n}{4^n}&=\sum_{n=1}^{\infty}\left(\left(\frac{1}{4}\right)^n+\left(\frac{1}{2}\right)^n\right)\\&=\sum_{n=1}^{\infty}\left(\frac{1}{4}\right)^n+\sum_{n=1}^{\infty}\left(\frac{1}{2}\right)^n\\&=\frac{\frac{1}{4}}{1-\frac{1}{4}}+\frac{\frac{1}{2}}{1-\frac{1}{2}}=\frac{4}{3}\end{aligned}$$

■

문제 2.18 무한급수 $\sum_{n=1}^{\infty} \frac{2^n + 4^n}{5^n}$의 합을 구하시오.

연습문제 2.4

1. 다음 무한급수의 수렴, 발산을 조사하시오.

(1) $\sum_{n=1}^{\infty} \frac{1}{(3n-1)(3n+2)}$

(2) $\sum_{n=1}^{\infty} \left(\frac{2}{3}\right)^n$

(3) $\sum_{n=1}^{\infty} \left(\frac{10}{9}\right)^n$

(4) $\frac{4}{3} + 1 + \frac{3}{4} + \frac{9}{16} + \cdots$

(5) $0.9 + 0.03 + 0.001 + \cdots$

(6) $1 + \frac{\sqrt{3}-1}{3} + \left(\frac{\sqrt{3}-1}{3}\right)^2 + \cdots$

(7) $\sum_{n=1}^{\infty} \left(\frac{2^n}{3^n} - \frac{4^n}{5^n}\right)$

(8) $a > b > c > 0$일 때 $\sum_{n=1}^{\infty} \frac{b^n + c^n}{a^n}$

2. 다음 수열의 극한값을 구하시오.

$$\sqrt{2},\ \sqrt{2\sqrt{2}},\ \sqrt{2\sqrt{2\sqrt{2}}},\ \cdots$$

3. 다음 무한등비급수가 수렴하도록 x값의 범위를 정하시오.

(1) $\sum_{n=1}^{\infty} \left(\frac{3x+1}{2}\right)^n$ (2) $\sum_{n=1}^{\infty} \left(\frac{3}{x-2}\right)^n$

지수함수와 로그함수 3

3.1 지수함수

$a>0$이고 x가 유리수일 때 a^x의 의미에 대하여 공부하였다. 예를 들어

$$a^{2/3}=\sqrt[3]{a^2}$$

이다. 지수가 실수인 경우는 어떤 의미를 가질까? 예를 들어 $2^{\sqrt{3}}$을 생각해보자.

$$\sqrt{3}=1.73205\cdots$$

이므로 수열

$$1,\ 1.7,\ 1.732,\ 1.7320,\ \cdots$$

는 $\sqrt{3}$에 수렴한다. 이 각각의 유리수를 지수로 갖는 수열

$$2^1,\ 2^{1.7},\ 2^{1.732},\ 2^{1.7320},\ \cdots$$

은 어떤 일정한 수로 수렴한다는 것이 밝혀져 있다. 따라서 이 수열의 극한값을 $2^{\sqrt{3}}$이라 정의할 수 있다. 계산기로 계산해보면

$$2^{\sqrt{3}} \approx 3.321997$$

임을 알 수 있다. 일반적으로 x가 실수일 때 a^x도 같은 방법으로 정의한다. 또 지수가 실수일 때에도 유리수의 경우와 마찬가지의 지수법칙이 성립한다. 즉, $a, b > 0$이고 x, y가 실수일 때

$$a^x a^y = a^{x+y}, \quad \frac{a^x}{a^y} = a^{x-y}$$

$$(a^x)^y = a^{xy}, \quad (ab)^x = a^x b^x$$

가 성립한다.

❙ 정의 3.1 ❙

$a > 0,\ a \neq 1$일 때 함수

$$f(x) = a^x$$

를 밑이 a인 **지수함수**(exponential function)라 한다.

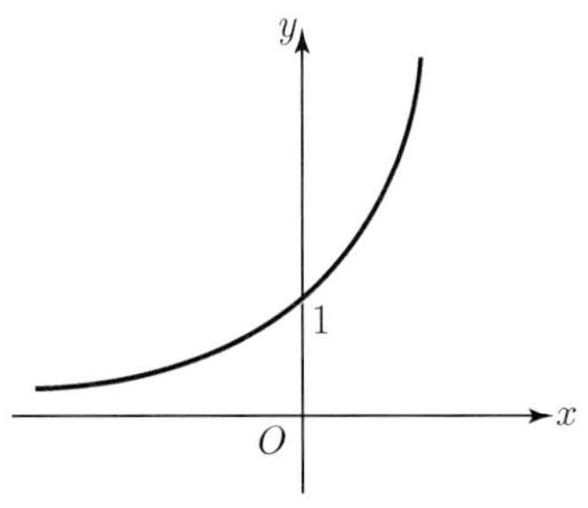

그림 3.1 $y = a^x,\ a > 1$

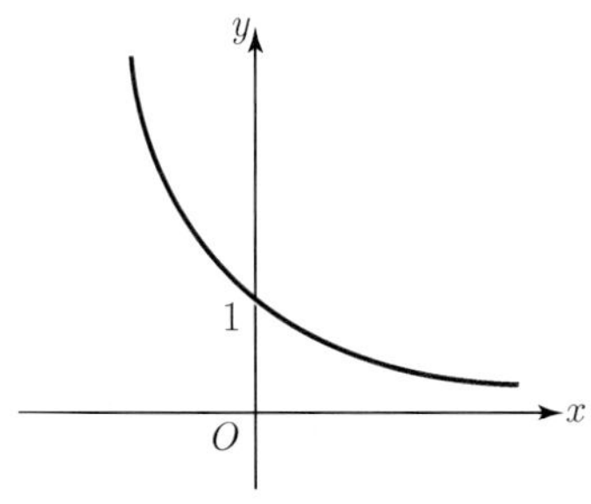

그림 3.2 $y = a^x,\ 0 < a < 1$

지수함수 $y = a^x$의 정의역은 실수 전체이고 $a > 1$일 때는 증가함수(그림 3.1), $0 < a < 1$일 때는 감소함수(그림 3.2)이다.

직선 $y = 0$을 이 지수함수의 **점근선**(asymptote)이라 한다.

예제 1 다음 지수함수의 그래프를 그리시오.

(1) $y=\left(\frac{1}{4}\right)^x$ (2) $y=6^x-2$

풀이 (1) $\frac{1}{4}<1$이므로 감소함수이다(그림 3.3).

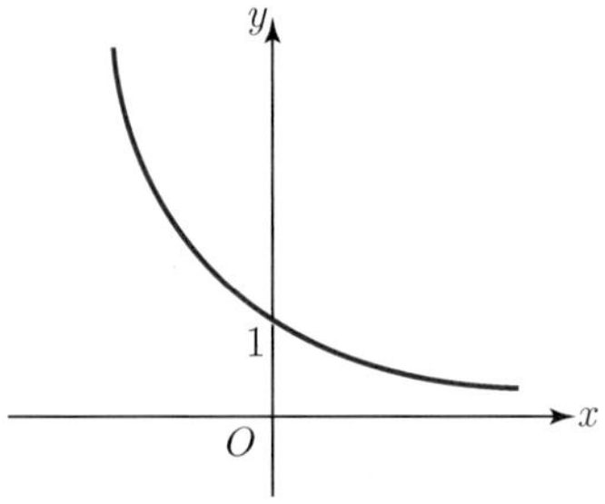

그림 3.3 $y=\left(\frac{1}{4}\right)^x$

(2) $y=6^x$의 그래프를 y축으로 -2만큼 평행이동한 그래프이다(그림 3.4).

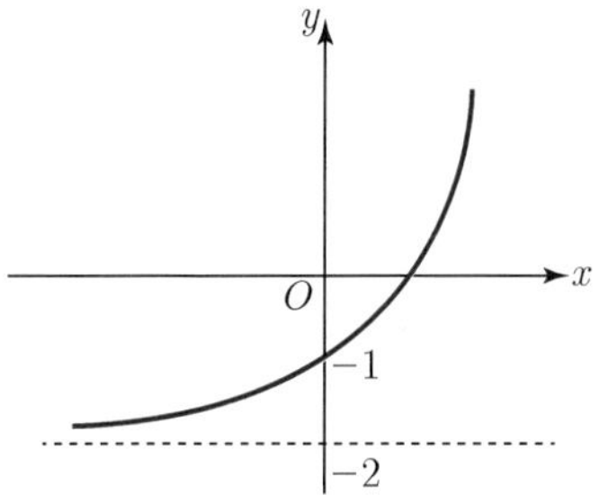

그림 3.4 $y=6^x-2$ ■

문제 3.1 다음 지수함수의 그래프를 그리시오.

(1) $y=3^{x+1}$ (2) $y=-2^x$

수열 $\left\langle\left(1+\frac{1}{n}\right)^n\right\rangle$을 생각해보자. n에 몇 개의 자연수를 대입하여 그 값을 계산기로 계산해보면 다음과 같다.

n	$\left(1+\frac{1}{n}\right)^n$
1	2
2	2.25
5	$2.48832\cdots$
10	$2.59374\cdots$
100	$2.70481\cdots$
1,000	$2.71692\cdots$
10,000	$2.71815\cdots$

따라서 $\left(1+\frac{1}{n}\right)^n$은 n이 커짐에 따라 증가함을 알 수 있다. 또 이 수열은 어떤 일정한 수로 수렴한다는 것이 밝혀져 있다. 이 극한값을 e라고 나타내기로 하자. 즉,

$$e=\lim_{n\to\infty}\left(1+\frac{1}{n}\right)^n$$

이다. e를 소수로 나타내면

$$e=2.718281828459045235 36\cdots$$

이며 원주율 π와 같이 순환하지 않는 무한소수임이 알려져 있다.

| 정의 3.2 |

밑이 e인 지수함수

$$f(x)=e^x$$

을 **자연지수함수**(natural exponential function)라 한다. e^x을 $\exp(x)$라 나타내기도 한다.

예제 ② 함수 $y=\frac{e^x+e^{-x}}{2}$의 그래프를 그리시오.

풀이 $y=\frac{e^x}{2}$와 $y=\frac{e^{-x}}{2}$의 그래프를 그려서 더하면 다음 그림 3.5와 같다.

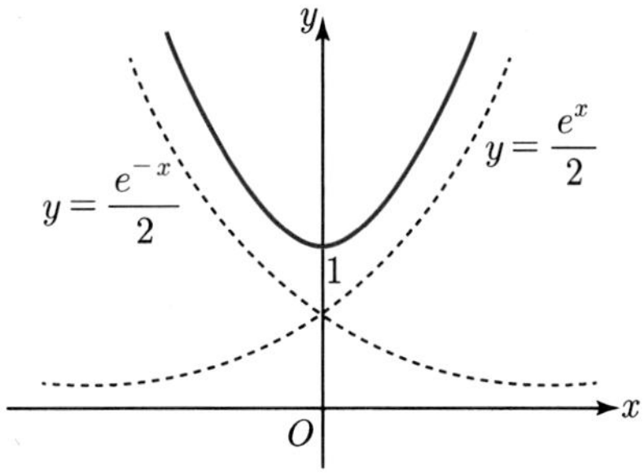

그림 3.5 $y=\frac{e^x+e^{-x}}{2}$ ■

문제 3.2 함수 $y=\frac{e^x-e^{-x}}{2}$ 의 그래프를 그리시오.

연습문제 3.1

1. 다음 지수함수의 그래프를 그리시오.

(1) $y=3^x$ (2) $y=3^{-x}$

(3) $y=e^{x-1}$ (4) $y=e^{|x-1|}$

3.2 로그함수

함수 $y=f(x)$의 역함수는 x와 y를 바꾸어 놓은 $x=f(y)$임을 알고 있다. 따라서 지수함수 $y=a^x$의 역함수는 $x=a^y$이다. 이 절에서는 지수함수의 역함수에 대하여 알아보자.

| 정의 3.3 |

$a>0,\ a\neq 1$이고 $a^y=x$일 때

$$y=\log_a x$$

라 나타내고 밑이 a인 **로그함수**(logarithmic function)라 한다.

예제 3 로그함수의 정의를 이용하여 다음 로그값을 계산하시오.

(1) $\log_2 32$　　(2) $\log_4 2$

풀이 (1) $2^5=32$이므로 $\log_2 32=5$

(2) $4^{1/2}=2$이므로 $\log_4 2=\dfrac{1}{2}$ ■

문제 3.3 로그함수의 정의를 이용하여 다음 로그값을 계산하시오.

(1) $\log_{10}\dfrac{1}{100}$　　(2) $\log_5 25$

다음은 많이 이용되는 로그의 성질이므로 꼭 알아두어야 한다.

$$a^0=1\text{이므로 } \log_a 1=0$$
$$a^1=a\text{이므로 } \log_a a=1$$

또 $y=a^x$와 $y=\log_a x$는 서로 역함수 관계이므로 이 두 함수의 합성함수는 항등함수이다. 따라서

$$\log_a(a^x)=x\text{이고 } a^{\log_a x}=x$$

이다. 뿐만 아니라 두 함수의 그래프는 직선 $y=x$에 대하여 서로 대칭이다. 따라서 $y=\log_a x$의 그래프는 다음과 같다.

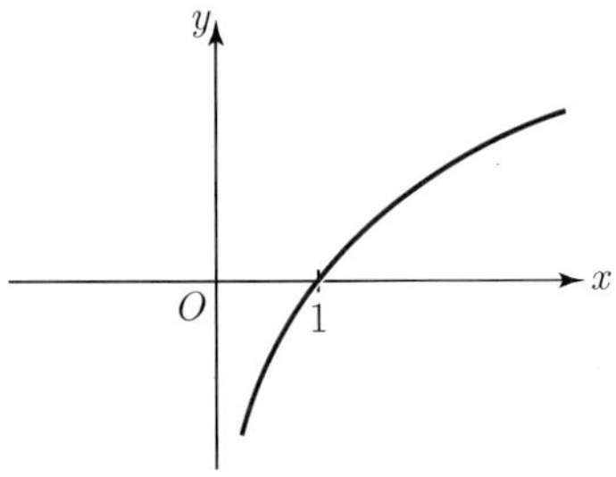

그림 3.6 $y=\log_a x,\ a>1$

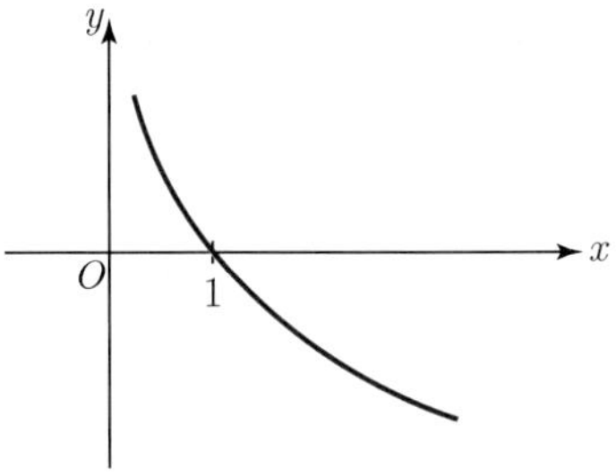

그림 3.7 $y=\log_a x,\ 0<a<1$

예제 4 다음 로그함수의 그래프를 그리시오.

(1) $y=\log_2(-x)$ (2) $y=\log_{1/2}(x-3)-1$

풀이 (1) $y=\log_2 x$의 그래프를 y축에 대칭이동한 그래프이다(그림 3.8).

(2) $y=\log_{1/2}x$의 그래프를 x축으로 3만큼 y축으로 -1만큼 평행이동한 그래프이다(그림 3.9).

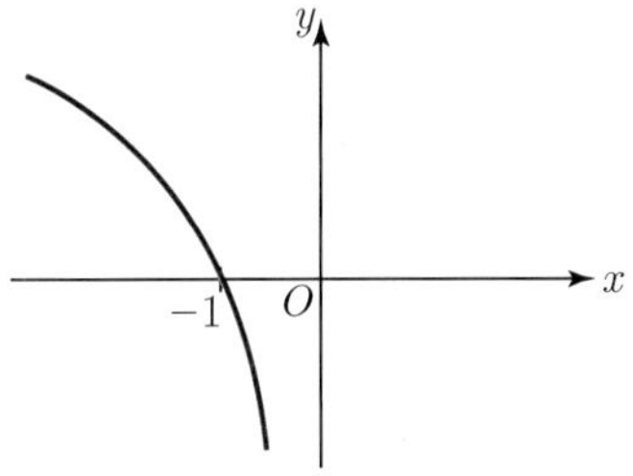

그림 3.8 $y=\log_2(-x)$

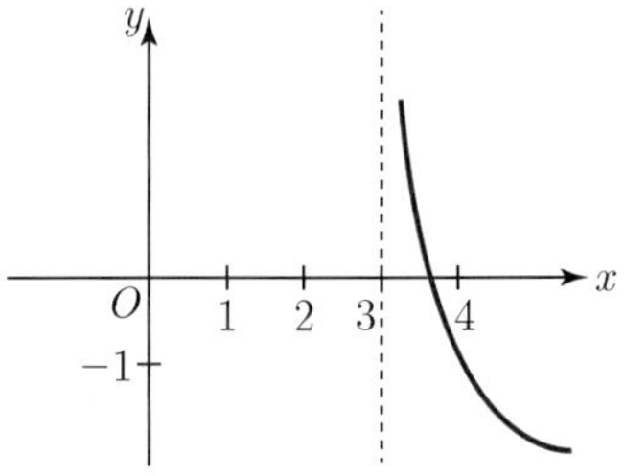

그림 3.9 $y=\log_{1/2}(x-3)-1$ ■

문제 3.4 다음 로그함수의 그래프를 그리시오.

(1) $y=-\log_{1/2}x$ (2) $y=\log_2(x-1)+2$

| 정의 3.4 |

밑이 10인 로그를 **상용로그**(common logarithm)라 하고 10을 생략하고 쓴다. 즉,

$$\log x=\log_{10}x$$

이다. 또 밑이 e인 로그를 **자연로그**(natural logarithm)라 하고 ln이라 나타낸다. 즉,

$$\ln x = \log_e x$$

응용면에서는 대부분 자연로그를 이용한다. 다음은 자연로그의 몇 가지 간단한 성질이다.

$$e^0 = 1 \text{이므로 } \ln 1 = 0$$
$$e^1 = e \text{이므로 } \ln e = 1$$
$$\ln(e^x) = x \text{이고 } e^{\ln x} = x$$

예제 5 다음 표현을 간단히 하시오.

(1) $\ln\frac{1}{e}$ (2) $\frac{\ln 1}{2}$

풀이 (1) $\ln\frac{1}{e} = \ln e^{-1} = -1$

(2) $\frac{\ln 1}{2} = \frac{0}{2} = 0$ ■

문제 3.5 다음 표현을 간단히 하시오.

(1) $\ln\frac{1}{e^2}$ (2) $3\ln e^4$

로그함수는 지수함수의 역함수이므로 지수법칙을 이용하면 로그의 성질들을 얻을 수 있다.

정리 3.5

$a > 0,\ a \neq 1$이고 $A > 0,\ B > 0$이고 k가 실수이면

(1) $\log_a(AB) = \log_a A + \log_a B$

(2) $\log_a\left(\frac{A}{B}\right) = \log_a A - \log_a B$

(3) $\log_a(A^k) = k\log_a A$

증명

(1) $\log_a A = u$, $\log_a B = v$라 하면 $a^u = A$, $a^v = B$이므로

$$a^{u+v} = a^u a^v = AB$$

이다. 이것을 로그를 이용하여 표현하면

$$\log_a(AB) = u + v = \log_a A + \log_a B$$

(2) (1)번과 비슷한 방법으로도 증명할 수 있지만 여기서는 (1)을 이용하여 증명해보자. $A = \dfrac{A}{B}B$이므로

$$\log_a A = \log_a\left(\frac{A}{B}B\right) = \log_a\left(\frac{A}{B}\right) + \log_a B$$

이다. 따라서

$$\log_a\left(\frac{A}{B}\right) = \log_a A - \log_a B$$

(3) $\log_a A = u$라 하면 $a^u = A$이므로

$$\log_a(A^k) = \log_a(a^u)^k = \log_a a^{ku} = ku = k\log_a A$$ ■

예제 6 다음 로그의 값을 구하시오.

(1) $\log_4 2 + \log_4 32$　　(2) $\log_2 405 - \log_2 5$

(3) $\log_{10}\dfrac{1}{\sqrt{0.01}}$　　(4) $\ln e^2\sqrt{e}$

풀이

(1) $\log_4 2 + \log_4 32 = \log_4 64 = \log_4 4^3 = 3$

(2) $\log_2 405 - \log_2 5 = \log_2\dfrac{405}{5} = \log_2 81 = \log_2 3^4 = 4\log_2 3$

(3) $\log_{10}\dfrac{1}{\sqrt{0.01}} = \log_{10} 10 = 1$

(4) $\ln e^2\sqrt{e} = \ln e^{5/2} = \dfrac{5}{2}$ ■

문제 3.6 다음 로그의 값을 구하시오.

(1) $\log_2 \frac{4}{3} + 2\log_2 \sqrt{12}$ (2) $\log_2 \sqrt{8} - \log_2 \frac{2}{3} - \log_2 3$

(3) $\log \frac{100}{3} - \log \frac{1000}{3}$ (4) $\ln \sqrt{e\sqrt{e\sqrt{e}}}$

예제 7 다음 로그 표현을 곱이나 제곱근이 없도록 최대한 풀어서 나타내시오.

(1) $\log_3 x(x+1)$ (2) $\log \frac{x^2+1}{xy^2}$

(3) $\ln \sqrt{\frac{x-1}{x+1}}$ (4) $\ln \sqrt{x\sqrt{y\sqrt{z}}}$

풀이 (1) $\log_3 x(x+1) = \log_3 x + \log_3 (x+1)$

(2) $\log \frac{x^2+1}{xy^2} = \log(x^2+1) - \log x - 2\log y$

(3) $\ln \sqrt{\frac{x-1}{x+1}} = \frac{1}{2}(\ln(x-1) - \ln(x+1))$

(4) $\ln \sqrt{x\sqrt{y\sqrt{z}}} = \frac{1}{2}\ln x + \frac{1}{4}\ln y + \frac{1}{8}\ln z$ ■

문제 3.7 다음 로그 표현을 곱이나 제곱근이 없도록 최대한 풀어서 나타내시오.

(1) $\log_2 \sqrt{x^2+y^2}$ (2) $\log \frac{10^x}{(x+1)^{10}}$

(3) $\ln \sqrt{xy}$ (4) $\ln \frac{xy^3}{\sqrt{x^2+1}}$

로그의 밑을 변형하면 편리할 때가 많다. 이럴 때는 다음 정리를 이용한다.

정리 3.6

$a > 0,\ a \neq 1,\ b > 0,\ c > 0,\ c \neq 1$일 때

$$\log_a b = \frac{\log_c b}{\log_c a}$$

증명

$\log_a b = u$, $\log_c a = v$라 하면 $a^u = b$, $c^v = a$이므로

$$b = a^u = (c^v)^u = c^{uv}$$

이다. 이것을 로그를 이용하여 표현하면

$$\log_c b = uv = \log_a b \cdot \log_c a$$

이다. $a \neq 1$이므로 $\log_c a \neq 0$이다. 따라서

$$\log_a b = \frac{\log_c b}{\log_c a}$$

정리 3.6에서 $b \neq 1$일 때는 $c = b$라 하면 $\log_c b = \log_b b = 1$이므로

$$\log_a b = \frac{1}{\log_b a}$$

이다. ■

예제 8 다음 값을 구하시오.

$$(\log_2 3) \cdot (\log_3 4) \cdot (\log_4 5) \cdots (\log_{511} 512)$$

풀이 밑이 10인 상용로그로 바꾸면

$$\begin{aligned}(\log_2 3) \cdot (\log_3 4) \cdots (\log_{511} 512) &= \frac{\log 3}{\log 2}\frac{\log 4}{\log 3} \cdots \frac{\log 512}{\log 511} \\ &= \frac{\log 512}{\log 2}\end{aligned}$$

그런데 $\log 512 = \log 2^9 = 9 \log 2$이므로

$$\frac{\log 512}{\log 2} = \frac{9 \log 2}{\log 2} = 9$$ ■

문제 3.8 다음 값을 구하시오.

$$\frac{1}{\log_2 100!}+\frac{1}{\log_3 100!}+\frac{1}{\log_4 100!}+\cdots+\frac{1}{\log_{100} 100!}$$

연습문제 3.2

1. 다음 로그함수의 그래프를 그리시오.

(1) $y=\ln x$　　(2) $y=\ln|x|$

2. 다음 값을 구하시오.

(1) $(\log_3 169)(\log_{13} 243)$　　(2) $\dfrac{1}{\log_3 7}+\dfrac{1}{\log_5 7}$

3. 다음 식을 하나의 로그로 표현하시오.

(1) $\log_2 x+3\log_2 y$

(2) $2\log_3(x+1)-\dfrac{1}{2}\log_3(x^2+1)$

(3) $\ln(x^2-y^2)-\ln(x-y)+\ln(x+y)$

(4) $\dfrac{1}{3}\ln(2x+1)+\ln(x^2+5)-\ln(x^2-x+1)$

4. $\log_a x=2$, $\log_a y=3$, $\log_a z^3=21$일 때 $\log_a x^3yz$를 구하시오.

5. $\log_n t=2a$, $\log_s n=3a^2$일 때 $\log_t s$를 구하시오.

3.3 지수방정식과 로그방정식

방정식 $2^x = 4$와 같이 지수에 미지수가 포함된 방정식을 **지수방정식**이라 하고, $\log_x 9 = 3$이나 $\log_3(x+1) = 2$와 같이 밑이나 진수에 미지수를 포함하고 있는 방정식을 **로그방정식**이라 한다.

양변이 밑이 같은 지수로 표현될 때에는 다음 성질을 이용하면 편리하다.

$$a > 0,\ a \neq 1 \text{일 때 } a^{x_1} = a^{x_2} \Leftrightarrow x_1 = x_2$$

예제 9 다음 지수방정식을 구하시오.

(1) $4^x = 64$ (2) $\left(\frac{1}{3}\right)^x = 9\sqrt{3}$

풀이 (1) $4^x = (2^2)^x = 2^{2x}$이고 $64 = 2^6$이므로

$$2^{2x} = 2^6$$

따라서

$$2x = 6,\ x = 3$$

(2) $\left(\frac{1}{3}\right)^x = 3^{-x}$이고 $9\sqrt{3} = 3^{5/2}$이므로

$$3^{-x} = 3^{5/2}$$

따라서

$$x = -\frac{5}{2}$$

■

문제 3.9 다음 지수방정식을 구하시오.

(1) $27^x = \sqrt{3}$ (2) $8^{x+2} = \frac{1}{4 \cdot 2^x}$

일반적인 지수방정식은 로그를 이용하면 쉽게 풀 수 있다.

예제 10 다음 지수방정식을 구하시오.

(1) $3^x = 2$ (2) $e^{x+2} + 5 = 60$

풀이 (1) 양변에 자연로그를 취하면

$$\ln 3^x = \ln 2$$

이므로 $x \ln 3 = \ln 2$이다. 따라서

$$x = \frac{\ln 2}{\ln 3}$$

(2) $e^{x+2} = 55$의 양변에 자연로그를 취하면

$$\ln e^{x+2} = \ln 55$$

이므로 $x + 2 = \ln 55$이다. 따라서

$$x = \ln 55 - 2$$ ■

문제 3.10 다음 지수방정식을 구하시오.

(1) $3^{x+3} = 7$ (2) $8e^{1-2x} = 4$

예제 11 다음 지수방정식을 구하시오.

(1) $4^x - 3 \cdot 2^x + 2 = 0$ (2) $e^{2x} - e^x - 6 = 0$

풀이 (1) $4^x = (2^x)^2$이므로

$$(2^x)^2 - 3 \cdot 2^x + 2 = 0$$

인수분해하면

$$(2^x - 1)(2^x - 2) = 0$$

이므로 $2^x = 1, 2$이다. 따라서

$$x = 0, 1$$

(2) $(e^x)^2 - e^x - 6 = 0$이므로 인수분해하면

$$(e^x-3)(e^x+2)=0$$

이다. 하지만 $e^x+2>2$이므로 $e^x=3$이다. 따라서

$$x=\ln 3$$ ■

문제 3.11 다음 지수방정식을 구하시오.

(1) $2e^{2x}-5e^x+2=0$　　(2) $3x^2e^x+x^3e^x=0$

로그방정식의 풀이도 지수방정식의 풀이와 비슷하다. 양변이 밑이 같은 로그로 표현될 때에는 성질

$$\log_a x_1=\log_a x_2 \Leftrightarrow \quad x_1=x_2$$

을 이용하고 일반적인 경우에는 로그의 성질과 로그와 지수가 역관계라는 것을 이용하면 된다. 로그방정식에서는 밑과 진수의 조건이 있으므로 주의해야 한다.

예제 12 다음 로그방정식을 구하시오.

(1) $\log_4 x=-3$　　(2) $\log_x 16=2$

(3) $\log_2(3x-2)=\log_2 x^2$　　(4) $\log(x+2)+\log(x-1)=1$

풀이 (1) 로그의 정의에 의해서

$$x=4^{-3}=\frac{1}{64}$$

(2) $x^2=16$이므로 $x=4$ 또는 $x=-4$이다. 하지만 로그의 밑은 양수이어야 하므로 해는 $x=4$이다.

(3) 밑이 같으므로 진수도 같아야 한다. 따라서

$$3x-2=x^2$$
$$(x-1)(x-2)=0$$
$$x=1 \text{ 또는 } x=2$$

로그의 진수는 양수이어야 하므로 $3x-2>0$, $x^2>0$이어야 한다. 따라서

해는 $x=1$ 또는 $x=2$이다.

(4) 로그의 성질에 의해서

$$\log(x+2)(x-1)=1$$

이므로

$$(x+2)(x-1)=10$$
$$x^2+x-12=0$$
$$(x+4)(x-3)=0$$
$$x=-4 \text{ 또는 } x=3$$

진수는 양수이어야 하므로 $x+2>0$, $x-1>0$이어야 한다. 따라서 해는 $x=3$이다. ■

문제 3.12 다음 로그방정식을 구하시오.

(1) $2\ln 3x=4$ (2) $\log_{2x}16=3$

(3) $\log 5x+\log(x-1)=2$ (4) $\ln(4x-3)=2\ln x$

예제 13 다음 로그방정식을 구하시오.

(1) $(x-1)^{\ln(x-1)}=e^2(x-1)$

(2) $(\log x)^3=4\log x$

풀이 (1) 양변에 자연로그를 취하면

$$[\ln(x-1)]^2=2+\ln(x-1)$$
$$[\ln(x-1)]^2-\ln(x-1)-2=0$$
$$[\ln(x-1)-2][\ln(x-1)+1]=0$$

이므로

$$\ln(x-1)=2 \text{ 또는 } \ln(x-1)=-1$$
$$x=e^2+1 \text{ 또는 } x=e^{-1}+1$$

둘 다 $x-1>0$이므로 진수의 조건을 만족한다. 따라서 해는 $x=e^2+1$ 또는 $x=e^{-1}+1$이다.

(2) 이항하여 정리하면

$$(\log x)^3 - 4\log x = 0$$
$$(\log x)[(\log x)^2 - 4] = 0$$

이므로

$$\log x = 0 \ \text{ 또는 } \ \log x = \pm 2$$
$$x = 1 \ \text{ 또는 } \ x = 100 \ \text{ 또는 } \ x = \frac{1}{100}$$

세 수 모두 $x>0$이므로 진수의 조건을 만족한다. 따라서 해는 $x=1$ 또는 $x=100$ 또는 $x=\frac{1}{100}$이다. ■

문제 3.13 다음 로그방정식을 구하시오.

(1) $2(\ln x)^2 - \ln x - 1 = 0$　　(2) $\log_2(\log_3(\log_4 x)) = 1$

연습문제 3.3

1. 다음 지수방정식을 구하시오.

(1) $3^{x^2} = 81$　　(2) $\dfrac{10}{1+e^{-x}} = 2$

(3) $9^x - 5 \cdot 3^x + 6 = 0$　　(4) $25^x - 5^x - 6 = 0$

(5) $x^2e^x + xe^x - 2e^x = 0$　　(6) $e^{4x} + 4e^{2x} - 21 = 0$

2. 다음 로그방정식을 구하시오.

(1) $\log_2 x = 7$　　(2) $\log_x 2 = 7$

(3) $\log_2(\log_4 x) = -1$　　(4) $\log_2 x + \log_2(x-1) = 1$

(5) $8\log_{e+x} e = 2$　　(6) $\log_3(x-5) + \log_3(x+3) = 2$

3. 어떤 박테리아 100마리는 t분 후에는

$$n(t) = 100e^{rt}$$

마리가 되며 20분 후에는 200마리가 된다고 하자.

(1) 상수 r을 구하시오.

(2) 몇 분 후에 박테리아는 1000마리가 되겠는가?

삼각함수 4

4.1 호도법

각을 표현하는 방법에는 60분법과 호도법이 있다. 60분법은 원을 $360°$라 하고 이것의 $\frac{1}{360}$을 $1°$라 정의하는 방법으로 중·고등학교 때 많이 이용한 방법이다.

호도법은 그림 4.1과 같이 반지름의 길이가 r인 원에서 길이가 r인 호에 대한 중심각의 크기를 **1라디안**(radian)이라고 정의하는 방법이다. 앞으로는 각을 나타낼 때 주로 호도법을 이용하기로 하자.

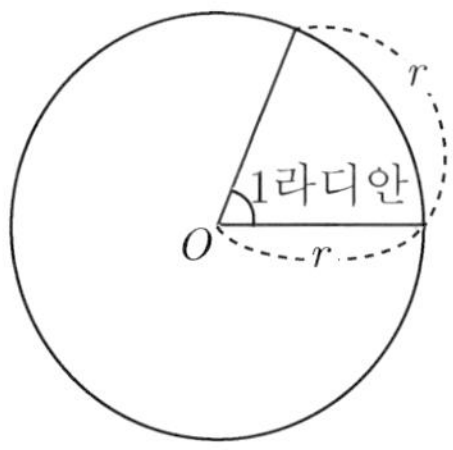

그림 4.1 라디안

60분법과 호도법 사이의 관계를 알아보자.

반지름의 길이가 r인 원의 둘레는 $2\pi r$이다. 이것은 반지름의 길이 r의 2π배이므로 원

은 2π라디안임을 알 수 있다. 그런데 원은 360°이므로

$$2\pi\text{라디안} = 360°$$

이다. 따라서

$$1\text{라디안} = \frac{180°}{\pi} \fallingdotseq 57.1745°, \quad 1° = \frac{\pi}{180}\text{라디안}$$

이다. 각을 라디안으로 나타낼 때에는 단위 명칭인 라디안을 생략하는 것이 보통이다.

예제 1 도(°)로 표시된 각은 라디안으로, 라디안으로 표시된 각은 도(°)로 바꾸시오.

(1) 60° (2) 130°

(3) $\frac{3}{5}\pi$ (4) 4π

풀이 (1) $60° = 60 \times \frac{\pi}{180} = \frac{\pi}{3}$

(2) $130° = 130 \times \frac{\pi}{180} = \frac{13}{18}\pi$

(3) $\frac{3}{5}\pi = \frac{3}{5}\pi \times \frac{180°}{\pi} = 108°$

(4) $4\pi = 4\pi \times \frac{180°}{\pi} = 720°$ ■

문제 4.1 도(°)로 표시된 각은 라디안으로, 라디안으로 표시된 각은 도(°)로 바꾸시오.

(1) 30° (2) 180°

(3) $\frac{\pi}{2}$ (4) $\frac{5}{6}\pi$

일반적으로 많이 쓰이는 특수각의 60분법과 호도법 사이의 관계는 다음과 같다.

60분법	0°	30°	45°	60°	90°	120°	150°	180°	270°	360°
호도법	0	$\frac{\pi}{6}$	$\frac{\pi}{4}$	$\frac{\pi}{3}$	$\frac{\pi}{2}$	$\frac{2\pi}{3}$	$\frac{5\pi}{6}$	π	$\frac{3\pi}{2}$	2π

각을 표시할 때는 그림 4.2와 같이 반시계방향을 양(+)의 방향으로 하고 시계방향을 음(−)의 방향으로 한다. 또 $\overrightarrow{OX}$를 기준선이라 하고 $\overrightarrow{OP}$를 동경이라 한다. $\angle XOP$가 θ라 하면 $\theta+2\pi$와 $\theta+4\pi$도 동경 $\overrightarrow{OP}$를 나타낸다. 또 $\theta-2\pi$와 $\theta-4\pi$도 동경 $\overrightarrow{OP}$를 나타낸다.

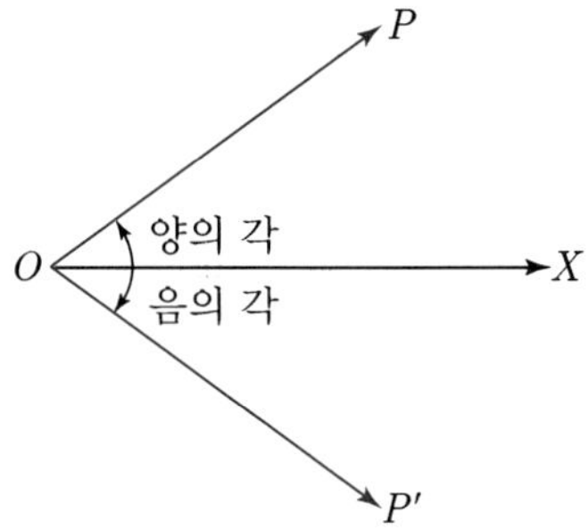

그림 4.2 양의 각과 음의 각

일반적으로 동경 $\overrightarrow{OP}$를 나타내는 각은

$$\theta+2n\pi,\ n=0,\ \pm1,\ \pm2,\ \cdots$$

라 나타낼 수 있는데 이것을 $\angle XOP$의 **일반각**이라 한다. 일반각을 60분법으로 나타내면

$$\theta+n\times360°,\ n=0,\ \pm1,\ \pm2,\ \cdots$$

이다. $\angle XOP$의 일반각이 $\theta+2n\pi$라 할 때

$0<\theta<\dfrac{\pi}{2}$이면 제1사분면의 각

$\dfrac{\pi}{2}<\theta<\pi$이면 제2사분면의 각

$\pi<\theta<\dfrac{3\pi}{2}$이면 제3사분면의 각

$\dfrac{3\pi}{2}<\theta<2\pi$이면 제4사분면의 각이라 한다.

예제 ② 다음 각은 제 몇 사분면의 각인가?

(1) $\dfrac{19}{6}\pi$ (2) $-1470°$

풀이 (1) $\frac{19}{6}\pi = 2\pi + \frac{7}{6}\pi$이므로 제3사분면의 각

(2) $-1470° = (-5) \times 360° + 330°$이므로 제4사분면의 각 ■

문제 4.2 다음 각은 제 몇 사분면의 각인가?

(1) $-\frac{\pi}{3}$ (2) $470°$

호도법을 이용하여 부채꼴의 호의 길이와 부채꼴의 넓이를 구하는 공식을 구해보자. 그림 4.3과 같이 반지름의 길이가 r이고 중심각의 크기가 θ라디안인 부채꼴을 생각하자.

호의 길이를 l이라 하고 부채꼴 OAB의 넓이를 S라 하자. 호의 길이는 중심각의 크기에 비례하므로

$$2\pi r : l = 2\pi : \theta$$
$$2\pi l = 2\pi r\theta$$

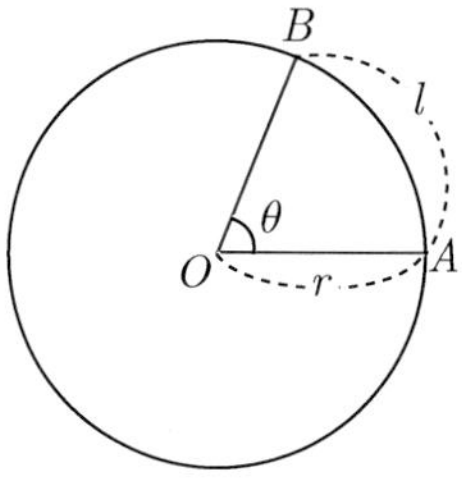

그림 4.3 호의 길이

이다. 따라서

$$l = r\theta$$

또 부채꼴의 넓이도 중심각의 크기에 비례하므로

$$\pi r^2 : S = 2\pi : \theta$$
$$2\pi S = \pi r^2\theta$$

이다. 따라서

$$S = \frac{1}{2}r^2\theta = \frac{1}{2}rl$$

예제 3 중심각의 크기가 $\frac{\pi}{3}$이고 넓이가 $\frac{\pi}{2}$인 부채꼴의 반지름의 길이를 구하시오.

풀이 $S=\frac{1}{2}r^2\theta$에서 $\theta=\frac{\pi}{3}$, $S=\frac{\pi}{2}$를 대입하면

$$\frac{\pi}{2}=\frac{1}{2}r^2\cdot\frac{\pi}{3}$$

이므로 $r^2=3$이다. 따라서 $r=\sqrt{3}$이다. ■

문제 4.3 반지름의 길이가 4이고 중심각의 크기가 $\frac{\pi}{4}$인 부채꼴의 호의 길이와 넓이를 구하시오.

연습문제 4.1

1. 도(°)로 표시된 각은 라디안으로, 라디안으로 표시된 각은 도(°)로 바꾸시오.

(1) $64°$ (2) $-210°$

(3) $135°$ (4) $\frac{\pi}{12}$

(5) $-\frac{2}{3}\pi$ (6) $\frac{7}{4}\pi$

2. 다음 각을 동경의 위치가 같은 것끼리 묶으시오.

$$\frac{\pi}{3},\ \frac{4}{3}\pi,\ -\frac{5}{3}\pi,\ -\frac{8}{3}\pi,\ 420°,\ -120°$$

3. 중심각의 크기가 $\frac{\pi}{4}$이고 반지름의 길이가 4인 부채꼴 모양과 같은 넓이를 갖는 원의 반지름을 구하시오.

4.2 삼각함수의 정의와 성질

같은 모양이 반복되는 함수를 주기함수라 한다. 자연현상 중에는 주기적으로 일어나는 일이 많이 있으므로 자연현상을 수학적으로 표현하려면 주기함수가 필요하게 되는데 가장 대표적인 주기함수가 삼각함수이다. 따라서 자연과학이나 공학을 공부하기 위해서는 삼각함수에 대해서 잘 알고 있어야 한다.

중심이 원점이고 반지름의 길이가 r인 원을 생각하자. 중심각 θ를 나타내는 동경 $\overrightarrow{OP}$가 원과 만나는 점의 좌표를 $P(x, y)$라 할 때 **삼각함수**(trigonometric function)는 다음과 같이 정의된다.

▌정의 4.1▐

$\cos\theta = \dfrac{x}{r}$: 코사인 함수

$\sin\theta = \dfrac{y}{r}$: 사인 함수

$\tan\theta = \dfrac{y}{x}$: 탄젠트 함수

$\sec\theta = \dfrac{1}{\cos\theta} = \dfrac{r}{x}$: 시컨트 함수

$\csc\theta = \dfrac{1}{\sin\theta} = \dfrac{r}{y}$: 코시컨트 함수

$\cot\theta = \dfrac{1}{\tan\theta} = \dfrac{x}{y}$: 코탄젠트 함수

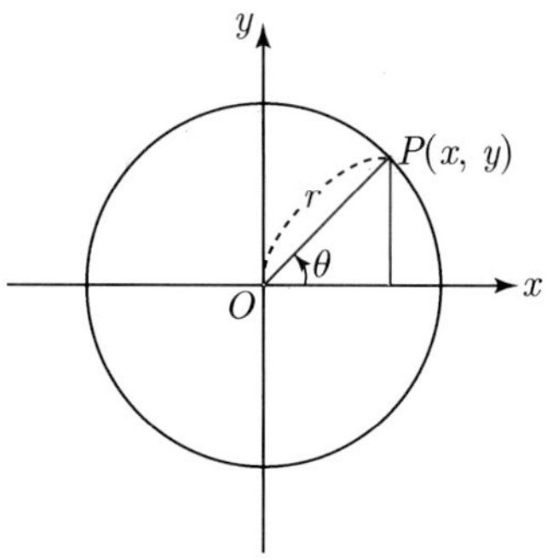

그림 4.4 삼각함수

예제 4 $\cos 0,\ \sin 0,\ \tan 0$의 값을 구하시오.

풀이 $\theta = 0$일 때 점 P의 좌표는 $(r, 0)$이므로

$$\cos 0 = \frac{r}{r} = 1,\ \sin 0 = \frac{0}{r} = 0,\ \tan 0 = \frac{0}{r} = 0$$ ■

문제 4.4 $\cos\frac{\pi}{2}$, $\sin\frac{\pi}{2}$, $\tan\frac{\pi}{2}$의 값을 구하시오.

중심각 θ가 어느 사분면의 각이든 반지름의 길이는 항상 양이고 x, y의 부호는 점 P의 위치에 따라 다르다. 따라서 삼각함수의 부호는 동경 $\overrightarrow{OP}$가 나타내는 각 θ가 몇 사분면의 각이냐에 따라 정해진다. 예를 들어, θ가 제3사분면의 각이면 x와 y가 음수이므로

$$\cos\theta = \frac{x}{r}\text{는 음수, } \sin\theta = \frac{y}{r}\text{는 음수, } \tan\theta = \frac{y}{x}\text{는 양수}$$

이다. θ에 따른 삼각함수의 부호를 정리하면 다음과 같다.

	제1사분면	제2사분면	제3사분면	제4사분면
$\cos\theta$	$+$	$-$	$-$	$+$
$\sin\theta$	$+$	$+$	$-$	$-$
$\tan\theta$	$+$	$-$	$+$	$-$

중심각 θ를 나타내는 동경 $\overrightarrow{OP}$가 반지름의 길이가 r인 원과 만나는 점의 좌표를 $P(x, y)$라 하면

$$\cos^2\theta + \sin^2\theta = \left(\frac{x}{r}\right)^2 + \left(\frac{y}{r}\right)^2 = \frac{x^2+y^2}{r^2}$$

(x, y)는 반지름의 길이가 r인 원 위의 점이므로

$$x^2 + y^2 = r^2$$

따라서

$$\cos^2\theta + \sin^2\theta = 1$$

이다. 또 이 식의 양변을 $\cos^2\theta$로 나누면

$$1 + \left(\frac{\sin\theta}{\cos\theta}\right)^2 = \frac{1}{\cos^2\theta}$$

이므로

$$1 + \tan^2\theta = \sec^2\theta$$

이고 $\sin^2\theta$로 나누면

$$\left(\frac{\cos\theta}{\sin\theta}\right)^2 + 1 = \frac{1}{\sin^2\theta}$$

즉,

$$1 + \cot^2\theta = \csc^2\theta$$

이다. 따라서 다음 정리를 얻는다.

정리 4.2

임의의 각 θ에 대하여

$$\cos^2\theta + \sin^2\theta = 1$$
$$1 + \tan^2\theta = \sec^2\theta$$
$$1 + \cot^2\theta = \csc^2\theta$$

예제 5 $\cos\theta + \sin\theta = \frac{1}{2}$일 때 $\cos\theta\ \sin\theta$의 값을 구하시오.

풀이 $\cos\theta + \sin\theta = \frac{1}{2}$의 양변을 제곱하면

$$\cos^2\theta + 2\cos\theta\ \sin\theta + \sin^2\theta = \frac{1}{4}$$

$\cos^2\theta + \sin^2\theta = 1$이므로

$$2\cos\theta\ \sin\theta + 1 = \frac{1}{4}$$

따라서

$$\cos\theta\ \sin\theta = -\frac{3}{8}$$ ■

문제 4.5 $\tan\theta = \sqrt{3}$일 때 $\cos\theta$의 값을 구하시오.

함수 f가 모든 x에 대하여

$$f(x+p)=f(x)$$

를 만족하는 양수 p가 존재하면 f를 **주기함수**(periodic function)라 하고 p를 **주기**(period)라 한다. 삼각함수는 이러한 성질을 만족하는지 알아보자.

| 정리 4.3 |

임의의 각 θ와 정수 n에 대하여

$$\cos(2n\pi+\theta)=\cos\theta$$
$$\sin(2n\pi+\theta)=\sin\theta$$
$$\tan(n\pi+\theta)=\tan\theta$$

이다. 따라서 cos함수와 sin함수는 주기가 2π인 주기함수이고 tan함수의 주기는 π인 주기함수이다.

증명

중심각 θ와 $\theta+2\pi$는 같은 동경을 나타내므로

$$\cos(\theta+2\pi)=\cos\theta,\ \sin(\theta+2\pi)=\sin\theta$$

이다. 각 θ가 나타내는 동경 위의 점의 좌표가 (x, y)일 때 각 $\theta+\pi$가 나타내는 동경 위의 점의 좌표는 $(-x, -y)$이다. 따라서

$$\tan(\theta+\pi)=\frac{-y}{-x}=\frac{y}{x}=\tan\theta$$

이다. ■

| 정리 4.4 |

임의의 각 θ에 대하여

$$\cos(-\theta)=\cos\theta$$
$$\sin(-\theta)=-\sin\theta$$
$$\tan(-\theta)=-\tan\theta$$

이다. 따라서 cos함수는 우함수이고, sin함수와 tan함수는 기함수이다.

증명

중심각 θ가 나타내는 동경 위의 점의 좌표가 (x, y)일 때 각 $-\theta$가 나타내는 동경 위의 점의 좌표는 그림 4.5에서와 같이 $(x, -y)$이다.

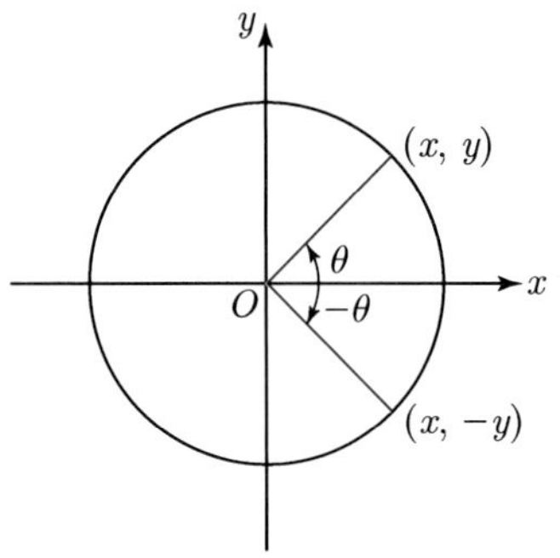

그림 4.5 θ와 $-\theta$

따라서

$$\cos(-\theta) = \frac{x}{r} = \cos\theta$$

$$\sin(-\theta) = \frac{-y}{r} = -\frac{y}{r} = -\sin\theta$$

$$\tan(-\theta) = \frac{-y}{x} = -\frac{y}{x} = -\tan\theta$$

이다. ■

| 정리 4.5 |

임의의 각 θ에 대하여

$$\cos\left(\frac{\pi}{2}+\theta\right) = -\sin\theta$$

$$\sin\left(\frac{\pi}{2}+\theta\right) = \cos\theta$$

$$\tan\left(\frac{\pi}{2}+\theta\right) = -\cot\theta$$

$$\cos(\pi+\theta) = -\cos\theta$$

$$\sin(\pi+\theta) = -\sin\theta$$

$$\tan(\pi+\theta) = \tan\theta$$

이다.

증명

중심각 θ가 나타내는 동경 위의 점의 좌표가 (x, y)일 때 각 $\frac{\pi}{2}+\theta$와 $\pi+\theta$가 나타내는 동경 위의 점의 좌표는 그림 4.6, 4.7에서와 같이 각각 $(-y, x)$와 $(-x, -y)$이다.

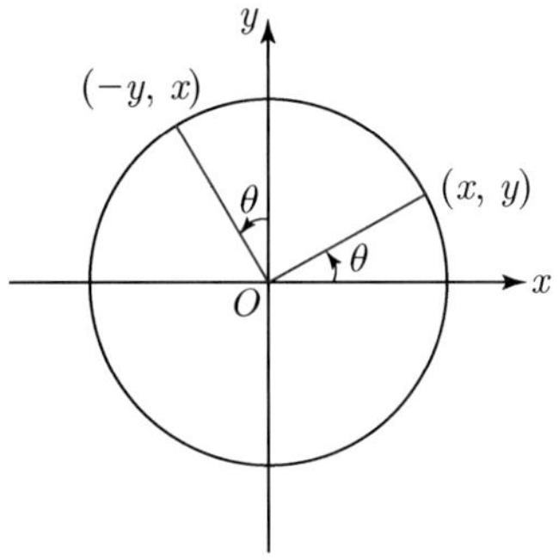

그림 4.6 θ와 $\frac{\pi}{2}+\theta$

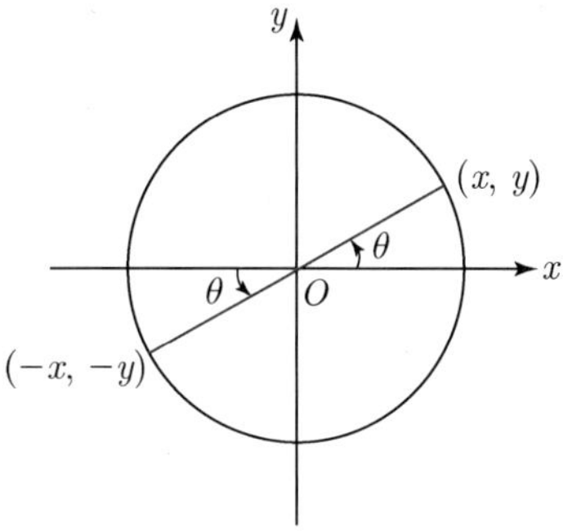

그림 4.7 θ와 $\pi+\theta$

따라서

$$\cos\left(\frac{\pi}{2}+\theta\right) = \frac{-y}{r} = -\sin\theta$$

$$\sin\left(\frac{\pi}{2}+\theta\right) = \frac{x}{r} = \cos\theta$$

$$\tan\left(\frac{\pi}{2}+\theta\right) = \frac{x}{-y} = -\frac{1}{\frac{y}{x}} = -\frac{1}{\tan\theta} = -\cot\theta$$

이고

$$\cos(\pi+\theta) = \frac{-x}{r} = -\cos\theta$$

$$\sin(\pi+\theta) = \frac{-y}{r} = -\sin\theta$$

$$\tan(\pi+\theta) = \frac{-y}{-x} = \frac{y}{x} = \tan\theta$$

이다. ■

지금까지 공부한 정의와 공식들을 이용하여 여러 가지 삼각함수 값들을 구하여 보자.

예제 6 (1) $\cos\frac{\pi}{4}=\sin\frac{\pi}{4}=\frac{1}{\sqrt{2}}$ 이고 $\tan\frac{\pi}{4}=1$ 임을 보이시오.

(2) $\cos\frac{3\pi}{4}$, $\sin\frac{3\pi}{4}$, $\tan\frac{3\pi}{4}$ 의 값을 구하시오.

풀이 (1) 중심각 $\frac{\pi}{4}$ 가 나타내는 동경이 반지름의 길이가 r인 원과 만나는 점의 좌표는 (x, x) 형태이므로

$$\cos\frac{\pi}{4}=\sin\frac{\pi}{4},\ \tan\frac{\pi}{4}=1$$

이다.

$$\cos^2\frac{\pi}{4}+\sin^2\frac{\pi}{4}=1$$

이므로 $2\cos^2\frac{\pi}{4}=1$ 이다. 그런데 $\frac{\pi}{4}$ 는 제1사분면의 각이므로 $\cos\frac{\pi}{4}$ 는 양수이다. 따라서

$$\cos\frac{\pi}{4}=\sin\frac{\pi}{4}=\frac{1}{\sqrt{2}}$$

(2) 정리 4.5의 공식을 이용하면

$$\cos\frac{3\pi}{4}=\cos\left(\frac{\pi}{2}+\frac{\pi}{4}\right)=-\sin\frac{\pi}{4}=-\frac{1}{\sqrt{2}}$$

$$\sin\frac{3\pi}{4}=\sin\left(\frac{\pi}{2}+\frac{\pi}{4}\right)=\cos\frac{\pi}{4}=\frac{1}{\sqrt{2}}$$

$$\tan\frac{3\pi}{4}=\frac{\sin\frac{3\pi}{4}}{\cos\frac{3\pi}{4}}=\frac{\frac{1}{\sqrt{2}}}{-\frac{1}{\sqrt{2}}}=-1$$

■

문제 4.6 (1) $\cos\left(-\frac{\pi}{4}\right)$, $\sin\left(-\frac{\pi}{4}\right)$, $\tan\left(-\frac{\pi}{4}\right)$의 값을 구하시오.

(2) $\cos\frac{5\pi}{4}$, $\sin\frac{5\pi}{4}$, $\tan\frac{5\pi}{4}$ 의 값을 구하시오.

예제 7 (1) $\cos\frac{\pi}{6} = \frac{\sqrt{3}}{2}$, $\sin\frac{\pi}{6} = \frac{1}{2}$, $\tan\frac{\pi}{6} = \frac{1}{\sqrt{3}}$임을 보이시오.

(2) $\cos\frac{2\pi}{3}$, $\sin\frac{2\pi}{3}$, $\tan\frac{2\pi}{3}$의 값을 구하시오.

풀이 (1) 중심각 $\frac{\pi}{6}$가 나타내는 동경이 반지름의 길이가 r인 원과 만나는 점의 좌표를 $P(x, y)$라 하면, 점 P와 x축에 대칭인 점은 $Q(x, -y)$이다(그림 4.8).

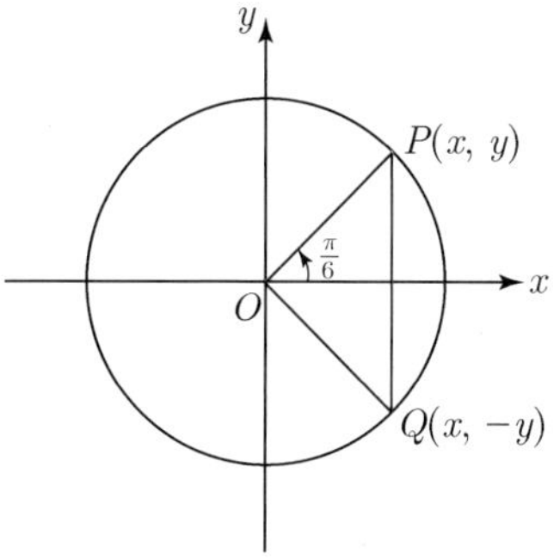

그림 4.8 점 $P(x, y)$**와** $Q(x, -y)$

삼각형 OPQ는 정삼각형이므로 $\overline{PQ} = 2y = r$이고 $y = \frac{r}{2}$이다. 따라서

$$\sin\frac{\pi}{6} = \frac{y}{r} = \frac{\frac{r}{2}}{r} = \frac{1}{2}$$

이다.

$$\cos^2\frac{\pi}{6} + \sin^2\frac{\pi}{6} = 1$$

이므로 $\cos^2\frac{\pi}{6} = \frac{3}{4}$이다. 그런데 $\frac{\pi}{6}$는 제1사분면의 각이므로 $\cos\frac{\pi}{6} = \frac{\sqrt{3}}{2}$이다. 마지막으로

$$\tan\frac{\pi}{6} = \frac{\sin\frac{\pi}{6}}{\cos\frac{\pi}{6}} = \frac{\frac{1}{2}}{\frac{\sqrt{3}}{2}} = \frac{1}{\sqrt{3}}$$

이다.

(2) 정리 4.5의 공식을 이용하면

$$\cos\frac{2\pi}{3} = \cos\left(\frac{\pi}{2} + \frac{\pi}{6}\right) = -\sin\frac{\pi}{6} = -\frac{1}{2}$$

$$\sin\frac{2\pi}{6} = \sin\left(\frac{\pi}{2} + \frac{\pi}{6}\right) = \cos\frac{\pi}{6} = \frac{\sqrt{3}}{2}$$

$$\tan\frac{2\pi}{3} = \frac{\sin\frac{2\pi}{3}}{\cos\frac{2\pi}{3}} = \frac{\frac{\sqrt{3}}{2}}{-\frac{1}{2}} = -\sqrt{3}$$ ■

문제 4.7 (1) $\cos\left(-\frac{\pi}{6}\right)$, $\sin\left(-\frac{\pi}{6}\right)$, $\tan\left(-\frac{\pi}{6}\right)$의 값을 구하시오.

(2) $\cos\frac{7\pi}{6}$, $\sin\frac{7\pi}{6}$, $\tan\frac{7\pi}{6}$의 값을 구하시오.

예제 8 (1) $\cos\frac{\pi}{3} = \frac{1}{2}$, $\sin\frac{\pi}{3} = \frac{\sqrt{3}}{2}$, $\tan\frac{\pi}{3} = \sqrt{3}$임을 보이시오.

(2) $\cos\frac{5\pi}{6}$, $\sin\frac{5\pi}{6}$, $\tan\frac{5\pi}{6}$의 값을 구하시오.

풀이 (1) 중심각 $\frac{\pi}{3}$가 나타내는 동경이 반지름의 길이가 r인 원과 만나는 점의 좌표를 $P(x, y)$라 하고 점 A의 좌표는 $(r, 0)$라 하자(그림 4.9).

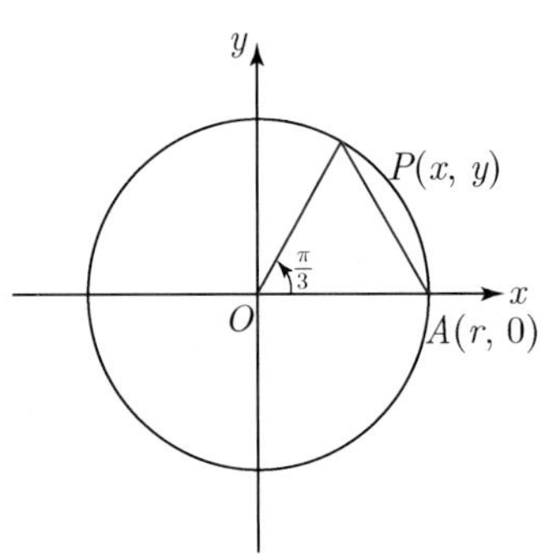

그림 4.9

삼각형 OPA는 정삼각형이므로 $x = \frac{1}{2}\overline{OA} = \frac{r}{2}$이다. 따라서

$$\cos\frac{\pi}{3} = \frac{x}{r} = \frac{\frac{r}{2}}{r} = \frac{1}{2}$$

이다.

$$\cos^2\frac{\pi}{3} + \sin^2\frac{\pi}{3} = 1$$

이므로 $\sin^2\frac{\pi}{3} = \frac{3}{4}$이다. 그런데 $\frac{\pi}{3}$는 제1사분면의 각이므로 $\sin\frac{\pi}{3} = \frac{\sqrt{3}}{2}$ 이다. 또

$$\tan\frac{\pi}{3} = \frac{\sin\frac{\pi}{3}}{\cos\frac{\pi}{3}} = \frac{\frac{\sqrt{3}}{2}}{\frac{1}{2}} = \sqrt{3}$$

이다.

(2) 정리 4.5의 공식을 이용하면

$$\cos\frac{5\pi}{6} = \cos\left(\frac{\pi}{2} + \frac{\pi}{3}\right) = -\sin\frac{\pi}{3} = -\frac{\sqrt{3}}{2}$$
$$\sin\frac{5\pi}{6} = \sin\left(\frac{\pi}{2} + \frac{\pi}{3}\right) = \cos\frac{\pi}{3} = \frac{1}{2}$$
$$\tan\frac{5\pi}{6} = \frac{\sin\frac{5\pi}{6}}{\cos\frac{5\pi}{6}} = \frac{\frac{1}{2}}{-\frac{\sqrt{3}}{2}} = -\frac{1}{\sqrt{3}}$$

■

문제 4.8 (1) $\cos\left(-\frac{\pi}{3}\right)$, $\sin\left(-\frac{\pi}{3}\right)$, $\tan\left(-\frac{\pi}{3}\right)$의 값을 구하시오.

(2) $\cos\frac{4\pi}{3}$, $\sin\frac{4\pi}{3}$, $\tan\frac{4\pi}{3}$의 값을 구하시오.

0, $\frac{\pi}{6}$, $\frac{\pi}{4}$, $\frac{\pi}{3}$, $\frac{\pi}{2}$ 등을 특수각이라 한다. 지금까지 공부한 이들의 삼각함수 값들을 정리하면 다음 표와 같다.

	$\cos\theta$	$\sin\theta$	$\tan\theta$
0	1	0	0
$\frac{\pi}{6}$	$\frac{\sqrt{3}}{2}$	$\frac{1}{2}$	$\frac{1}{\sqrt{3}}$
$\frac{\pi}{4}$	$\frac{1}{\sqrt{2}}$	$\frac{1}{\sqrt{2}}$	1
$\frac{\pi}{3}$	$\frac{1}{2}$	$\frac{\sqrt{3}}{2}$	$\sqrt{3}$
$\frac{\pi}{2}$	0	1	없다

연습문제 4.2

1. θ가 제2사분면의 각이고 $\sin\theta = \frac{3}{5}$일 때 $\cos\theta$를 구하시오.

2. 다음 삼각함수 값을 구하시오.

(1) $\cos\frac{8\pi}{3}$

(2) $\sin\left(-\frac{7\pi}{3}\right)$

(3) $\sin\frac{31\pi}{6}$

(4) $\cos\frac{31\pi}{6}$

(5) $\sin\frac{171\pi}{4}$

(6) $\cos\frac{171\pi}{4}$

3. 다음을 $a\cos\theta + b\sin\theta$의 형태로 간단히 하시오.

(1) $\sin(32\pi+\theta) - 18\cos(19\pi-\theta) + \cos(56\pi+\theta) - 9\sin(17\pi+\theta)$

(2) $\sin(\pi-\theta) + \cos\left(\frac{\pi}{2}+\theta\right) - \cos(\pi+\theta)$

4. $3\sin\theta + 4\cos\theta = 5$일 때 $\sin\theta$와 $\cos\theta$를 구하시오.

5. 모든 θ에 대하여 $(\sin\theta+\cos\theta)^2 + k\sin\theta\cos\theta = 1$이기 위한 k값을 구하시오.

4.3 삼각함수의 그래프

앞 절에서

$$\cos(\theta+2\pi)=\cos\theta,\ \sin(\theta+2\pi)=\sin\theta,\ \tan(\theta+\pi)=\tan\theta$$

이므로 $\cos$함수와 $\sin$함수의 주기는 2π이고 $\tan$함수의 주기는 π임을 알았다. 이를 이용하여 다음 삼각함수들의 주기를 알아보자.

예제 9 다음 삼각함수들의 주기를 구하시오.

(1) $y=\cos 2x$ (2) $y=\tan\dfrac{x}{2}$

풀이 (1) $\cos 2x=\cos(2x+2\pi)=\cos 2(x+\pi)$이므로 주기는 π

(2) $\tan\dfrac{x}{2}=\tan\left(\dfrac{x}{2}+\pi\right)=\tan\dfrac{1}{2}(x+2\pi)$이므로 주기는 2π ■

문제 4.9 다음 삼각함수들의 주기를 구하시오.

(1) $y=\sin\dfrac{x}{2}$ (2) $y=\tan 2x$

위의 예제와 문제의 결과를 일반화하면 다음과 같다.

정리 4.6

$a\neq 0$일 때 함수 $y=\cos ax$와 함수 $y=\sin ax$의 주기는 $\dfrac{2\pi}{|a|}$이고 함수 $y=\tan ax$의 주기는 $\dfrac{\pi}{|a|}$이다.

함수 $y=\sin x$의 그래프를 그려보자. 중심각 x가 나타내는 동경이 반지름의 길이가 1인 원과 만나는 점을 P라 하면, 그림 4.10에서

$$\sin x=\overline{PM}$$

이다. 즉, $\sin x$는 점 P의 y좌표와 같다.

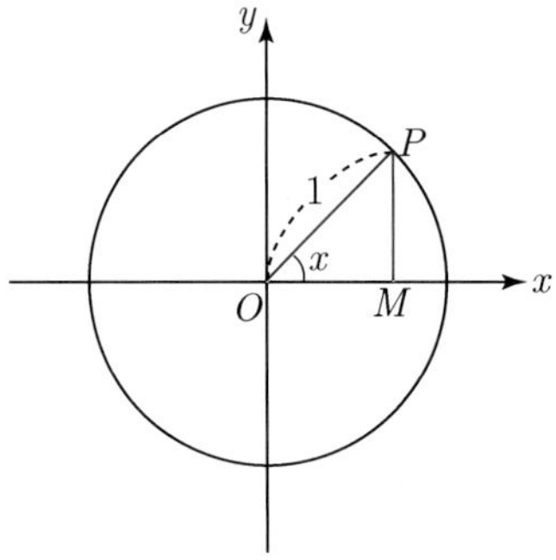

그림 4.10 $\sin x = \overline{PM}$

따라서 $y = \sin x$의 그래프를 그리려면 점 $(1, 0)$부터 시작하여 시계반대방향으로 반지름의 길이가 1인 원 위를 움직이면서 y좌표를 살펴보면 아래와 같은 그래프를 얻을 수 있다.

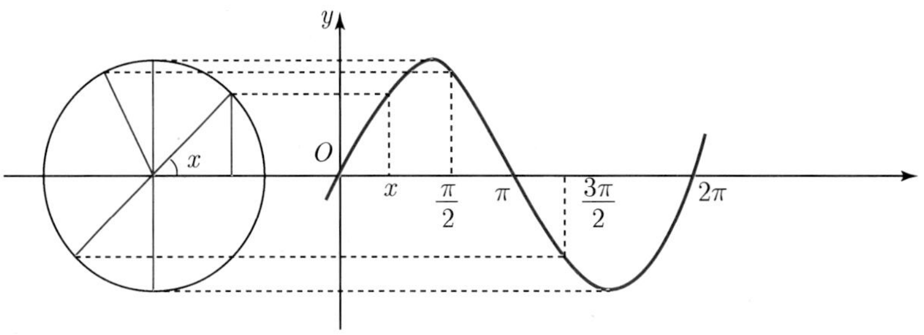

그림 4.11 $y = \sin x$의 그래프

$y = \cos x$의 그래프를 그리려면 그림 4.10의 그림을 시계방향으로 $\frac{\pi}{2}$만큼 회전시켜서 생각하면 된다. 즉, $\cos x$는 그림 4.10에서 점 P의 x좌표와 같으므로 그림 4.10의 그림을

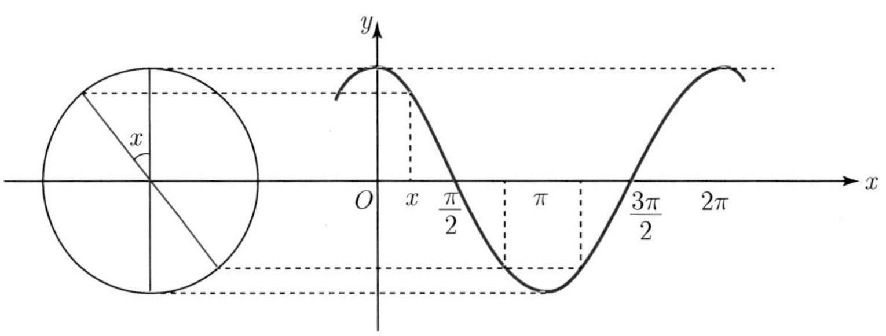

그림 4.12 $y = \cos x$의 그래프

시계방향으로 $\frac{\pi}{2}$만큼 회전시킨 그림에서는 P의 y좌표와 같다. 따라서 점 $(0, 1)$부터 시작하여 시계반대방향으로 반지름의 길이가 1인 원 위를 움직이면서 y좌표를 살펴보면 그림 4.12와 같은 그래프를 얻을 수 있다.

각 x를 나타내는 동경이 직선 $x=1$과 만나는 점을 그림 4.13과 같이 T라 하면

$$\tan x = \overline{AT}$$

이다.

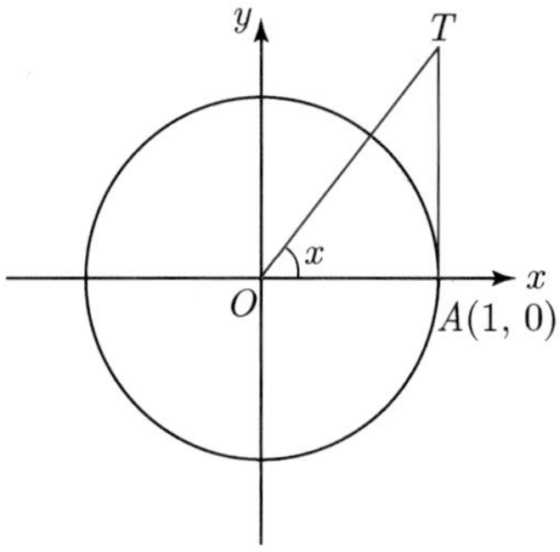

그림 4.13 $\tan x = \overline{AT}$

따라서 함수 $y=\tan x$의 그래프를 그리려면 $(1, 0)$부터 시계반대방향과 시계방향으로 $\frac{\pi}{2}$만큼 움직일 때 $\overline{AT}$의 길이의 변화를 살펴보면 된다. 또 tan함수는 $\pm\frac{\pi}{2}$에서는 정의되지 않으며, 주기가 π이므로 $\left(-\frac{\pi}{2}, \frac{\pi}{2}\right)$에서의 그래프가 반복됨을 알 수 있다. 따라서 다음과 같은 그래프를 얻을 수 있다.

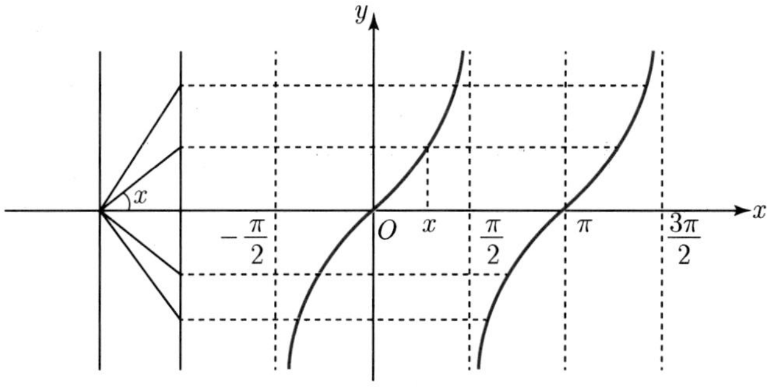

그림 4.14 $y=\tan x$의 그래프

예제 10 다음 함수의 그래프를 그리시오.

(1) $y = 2\sin x$　　　　(2) $y = \sin 2x$

풀이 (1) $y = 2\sin x$는 $y = \sin x$의 값을 2배한 것이다. 따라서 그래프는 그림 4.15와 같다.

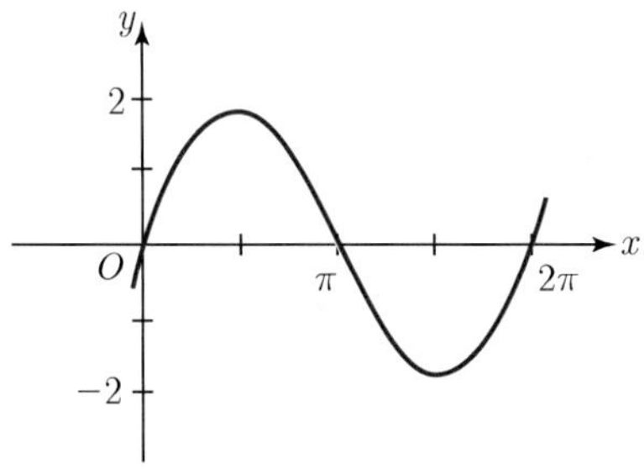

그림 4.15 $y = 2\sin x$

(2) $y = \sin 2x$의 주기는 π이므로 $y = \sin x$의 그래프의 x좌표를 절반으로 줄인 것이다. 따라서 그래프는 그림 4.16과 같다.

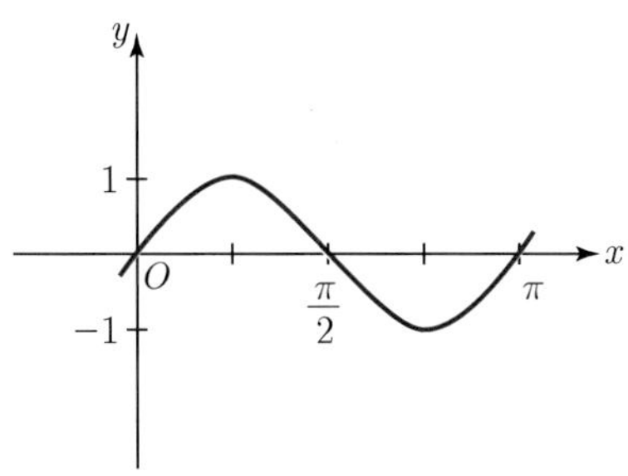

그림 4.16 $y = \sin 2x$

■

문제 4.10 다음 함수의 그래프를 그리시오.

(1) $y = 2\cos x$　　　　(2) $y = \cos\dfrac{x}{3}$

연습문제 4.3

1. 다음 삼각함수의 주기를 구하시오.

(1) $y = \cos\dfrac{x}{3}$ (2) $y = \tan(-2x)$

(3) $y = \sin\left(x - \dfrac{\pi}{6}\right)$ (4) $y = \cos\left(2x - \dfrac{\pi}{3}\right)$

2. 다음 삼각함수의 그래프를 그리시오.

(1) $y = \sqrt{2}\sin x$ (2) $y = \cos\dfrac{x}{2}$

(3) $y = |\cos x|$ (4) $y = \tan 2x$

(5) $y = \sin\left(x - \dfrac{\pi}{2}\right)$ (6) $y = 2\cos\left(x - \dfrac{\pi}{3}\right)$

4.4 삼각함수의 여러 가지 공식

삼각함수의 세 변과 세 각 사이의 관계식을 알아보자.

삼각형의 세 변의 길이를 각각 a, b, c라 하고 각 변에 대응되는 각을 각각 A, B, C라 하자. 또 주어진 삼각형에 외접하는 외접원의 반지름의 길이를 R이라 하자.

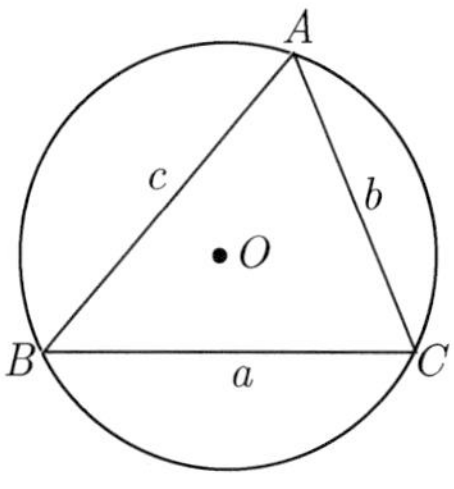

그림 4.17

이때 다음 법칙이 성립한다.

| 정리 4.7 | 사인법칙

$$\frac{a}{\sin A} = \frac{b}{\sin B} = \frac{c}{\sin C} = 2R$$

증명

그림 4.18과 같이 삼각형 ABC의 외접원의 중심을 O라 하고 BO의 연장선이 원 O와 만나는 점을 A'이라 하면 $\overline{BA'} = 2R$이다.

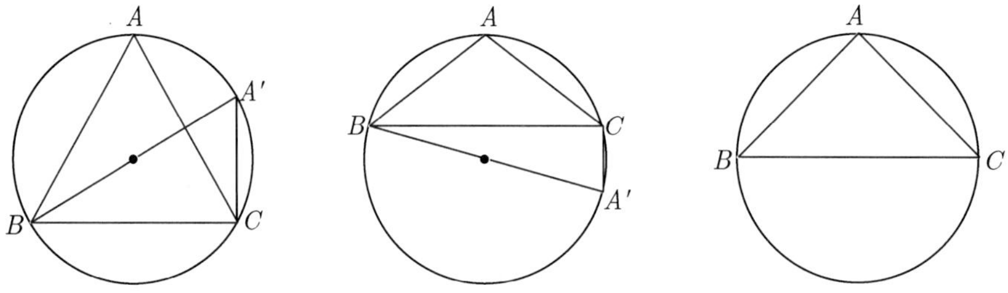

$A < \frac{\pi}{2}$　　$A > \frac{\pi}{2}$　　$A = \frac{\pi}{2}$

그림 4.18

i) $A < \frac{\pi}{2}$일 때 $A = A'$이고 $\angle A'CB = \frac{\pi}{2}$이므로

$$\sin A = \sin A' = \frac{\overline{BC}}{\overline{BA'}} = \frac{a}{2R}$$

이다. 따라서

$$\frac{a}{\sin A} = 2R$$

ii) $A > \frac{\pi}{2}$일 때 $A = \pi - A'$이고 $\angle A'CB = \frac{\pi}{2}$이므로

$$\sin A = \sin(\pi - A') = \sin A' = \frac{\overline{BC}}{\overline{BA'}} = \frac{a}{2R}$$

이다. 따라서

$$\frac{a}{\sin A} = 2R$$

iii) $A = \frac{\pi}{2}$일 때 $\sin A = 1$이고 $a = 2R$이므로

$$\frac{a}{\sin A} = 2R$$

위와 같은 방법으로

$$\frac{b}{\sin B} = \frac{c}{\sin C} = 2R$$

을 보일 수 있다. ■

예제 11 삼각형 ABC에서 $A = \frac{\pi}{4}$, $R = 10$일 때 a의 길이를 구하시오.

풀이 $\frac{a}{\sin A} = 2R$에서 $a = 20\sin\frac{\pi}{4} = 10\sqrt{2}$ ■

문제 4.11 삼각형 ABC에서 $A=\frac{\pi}{6}$, $a=5$일 때 R의 길이를 구하시오.

삼각형 ABC의 세 변과 세 각 사이에 성립하는 다음 관계식을 코사인법칙이라 한다.

❙ 정리 4.8 ❙ 코사인법칙

제1코사인법칙

$$a=b\cos C+c\cos B$$
$$b=c\cos A+a\cos C$$
$$c=a\cos B+b\cos A$$

제2코사인법칙

$$a^2=b^2+c^2-2bc\cos A$$
$$b^2=c^2+a^2-2ca\cos B$$
$$c^2=a^2+b^2-2ab\cos C$$

증명

(1) 제1코사인법칙의 증명

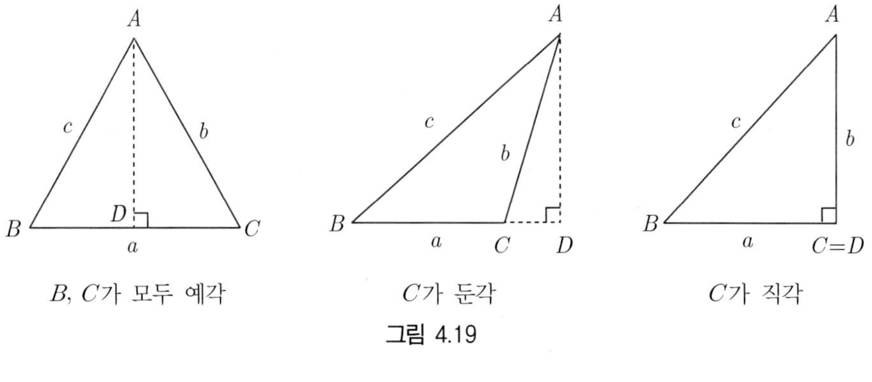

그림 4.19

i) B, C가 모두 예각인 경우; 위의 그림 4.19에서

$$a=\overline{BD}+\overline{CD}=c\cos B+b\cos C$$

ii) C가 둔각인 경우; 위의 그림 4.19에서

$$a = \overline{BD} - \overline{CD} = c\cos B - b\cos(\pi - C) = c\cos B + b\cos C$$

B가 둔각인 경우에도 같은 방법으로 보일 수 있다.

iii) C가 직각인 경우; $a = c\cos B$이고 $\cos C = 0$이므로

$$a = c\cos B + b\cos C$$

이고, B가 직각인 경우에도 같은 방법으로 보일 수 있다. 같은 방법으로 하면

$$b = c\cos A + a\cos C,\ \ c = a\cos B + b\cos A$$

도 보일 수 있다.

(2) 제2코사인법칙의 증명

제1코사인 법칙의 각 식의 양변에 각각 a, b, c를 곱하면

$$a^2 = ab\cos C + ac\cos B \quad \cdots ①$$

$$b^2 = bc\cos A + ab\cos C \quad \cdots ②$$

$$c^2 = ac\cos B + bc\cos A \quad \cdots ③$$

이다. ①+②−③을 하면

$$a^2 + b^2 - c^2 = 2ab\cos C$$

이므로

$$c^2 = a^2 + b^2 - 2ab\cos C$$

이다. 같은 방법으로 나머지 식들도 증명할 수 있다. ■

예제 12 삼각형 ABC에서 $A = \frac{\pi}{4}$, $b = 2$, $c = 3$일 때 a의 값을 구하시오.

풀이 $a^2 = b^2 + c^2 - 2bc\cos A$에서

$$a^2 = 2^2 + 3^2 - 2\cdot 2\cdot 3\cos\frac{\pi}{4} = 13 - 6\sqrt{2}$$ ■

문제 4.12 삼각형 ABC에서 $a = \sqrt{7}$, $b = 2$, $c = 3$일 때 예각 A의 값을 구하시오.

삼각함수의 공식 중에서 가장 중요한 것 중의 하나가 덧셈정리이다. 이 정리를 이용하여 다른 많은 공식을 유도할 수도 있으며 두 각의 합 또는 차에 대한 삼각함수의 값을 계산할 수도 있다.

| 정리 4.9 | 삼각함수의 덧셈정리

$$\sin(x+y) = \sin x \cos y + \cos x \sin y$$

$$\sin(x-y) = \sin x \cos y - \cos x \sin y$$

$$\cos(x+y) = \cos x \cos y - \sin x \sin y$$

$$\cos(x-y) = \cos x \cos y + \sin x \sin y$$

$$\tan(x+y) = \frac{\tan x + \tan y}{1 - \tan x \tan y}$$

$$\tan(x-y) = \frac{\tan x - \tan y}{1 + \tan x \tan y}$$

증명

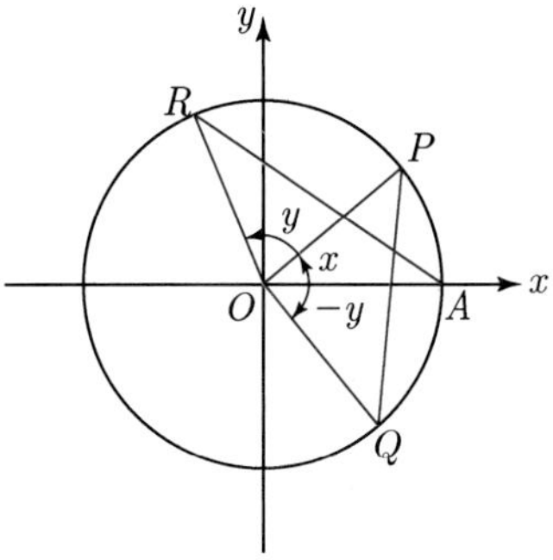

그림 4.20

세 각 x, $-y$, $x+y$를 나타내는 동경이 반지름의 길이가 1인 원과 만나는 점을 각각 P, Q, R이라 하고 점 $(1, 0)$을 A라 하자. 점 P, Q, R의 좌표를 구하면

$$P(\cos x, \sin x),\ Q(\cos y,\ -\sin y),\ R(\cos(x+y),\ \sin(x+y))$$

이다. 그런데 삼각형 ROA와 삼각형 POQ는 합동이므로

$$\overline{AR} = \overline{PQ}$$

이다. 양변을 제곱하면 $\overline{AR}^2 = \overline{PQ}^2$이므로

$$(\cos(x+y)-1)^2+(\sin(x+y))^2=(\cos x-\cos y)^2+(\sin x+\sin y)^2$$

이고 이 식을 정리하면

$$-2\cos(x+y)+2=-2\cos x\cos y+2\sin x\sin y+2$$

이므로

$$\cos(x+y)=\cos x\cos y-\sin x\sin y \qquad \cdots (1)$$

이다. 이 식은 모든 x, y에 대하여 성립하므로 x 대신 $x+\frac{\pi}{2}$를 대입하면

$$\cos\left(x+\frac{\pi}{2}+y\right)=\cos\left(x+\frac{\pi}{2}\right)\cos y-\sin\left(x+\frac{\pi}{2}\right)\sin y$$

이다. 따라서

$$\sin(x+y)=\sin x\cos y+\cos x\sin y \qquad \cdots (2)$$

를 얻을 수 있고

$$\tan(x+y)=\frac{\sin(x+y)}{\cos(x+y)}=\frac{\sin x\cos y+\cos x\sin y}{\cos x\cos y-\sin x\sin y}$$

이므로 분모, 분자를 $\cos x\cos y$로 나누면

$$\tan(x+y)=\frac{\tan x+\tan y}{1-\tan x\tan y} \qquad \cdots (3)$$

를 얻는다. 공식 (1), (2), (3)에서 y 대신 $-y$를 대입하면 $\sin(x-y)$, $\cos(x-y)$, $\tan(x-y)$에 대한 공식을 얻을 수 있다. ■

예제 13 다음 삼각함수의 값을 구하시오.

(1) $\sin 75°$ (2) $\cos 15°$

풀이 (1) $75°=45°+30°$이므로

$$\begin{aligned}\sin 75°&=\sin(45°+30°)\\&=\sin 45°\cos 30°+\cos 45°\sin 30°\end{aligned}$$

$$= \frac{1}{\sqrt{2}}\frac{\sqrt{3}}{2} + \frac{1}{\sqrt{2}}\frac{1}{2} = \frac{\sqrt{6}+\sqrt{2}}{4}$$

(2) $15° = 45° - 30°$이므로

$$\begin{aligned}\cos 15° &= \cos(45° - 30°)\\ &= \cos 45° \cos 30° + \sin 45° \sin 30°\\ &= \frac{1}{\sqrt{2}}\frac{\sqrt{3}}{2} + \frac{1}{\sqrt{2}}\frac{1}{2} = \frac{\sqrt{6}+\sqrt{2}}{4}\end{aligned}$$ ■

문제 4.13 다음 삼각함수의 값을 구하시오.

(1) $\cos 75°$ (2) $\tan 105°$

삼각함수의 덧셈정리를 이용하면 삼각함수의 여러 가지 공식을 유도할 수 있다. 덧셈정리에서 $x = y$라 하면 다음 배각의 공식을 얻을 수 있다.

▎정리 4.10 ▎ 배각의 공식

$$\sin 2x = 2\sin x \cos x$$

$$\cos 2x = \cos^2 x - \sin^2 x = 2\cos^2 x - 1 = 1 - 2\sin^2 x$$

$$\tan 2x = \frac{2\tan x}{1 - \tan^2 x}$$

예제 14 $\frac{\pi}{2} < x < \frac{3\pi}{4}$이고 $\sin x = \frac{4}{5}$일 때 $\sin 2x$의 값을 구하시오.

풀이 $\frac{\pi}{2} < x < \frac{3\pi}{4}$이므로 $\cos x < 0$이고 $\sin 2x < 0$이다. 또

$$\cos x = -\sqrt{1 - \sin^2 x} = -\sqrt{1 - \left(\frac{4}{5}\right)^2} = -\frac{3}{5}$$

이므로

$$\sin 2x = 2\sin x \cos x = 2 \cdot \frac{4}{5} \cdot \left(-\frac{3}{5}\right) = -\frac{24}{25}$$ ■

문제 4.14 $\frac{\pi}{2} < x < \frac{3\pi}{4}$ 이고 $\sin x = \frac{4}{5}$ 일 때 $\cos 2x$, $\tan 2x$ 의 값을 구하시오.

배각의 공식 $\cos 2x = 2\cos^2 x - 1$ 에서 $2x = y$ 라 두면

$$\cos y = 2\cos^2 \frac{y}{2} - 1$$

이므로

$$\cos^2 \frac{y}{2} = \frac{1 + \cos y}{2}$$

이다. 마찬가지로 $\cos 2x = 1 - 2\sin^2 x$ 에서 $2x = y$ 라 두면

$$\sin^2 \frac{y}{2} = \frac{1 - \cos y}{2}$$

이다. 또

$$\tan^2 \frac{y}{2} = \frac{\sin^2 \frac{y}{2}}{\cos^2 \frac{y}{2}} = \frac{1 - \cos y}{1 + \cos y}$$

이다. 따라서 다음 반각의 공식을 얻는다.

❙ 정리 4.11 ❙ 반각의 공식

$$\sin^2 \frac{x}{2} = \frac{1 - \cos x}{2}$$

$$\cos^2 \frac{x}{2} = \frac{1 + \cos x}{2}$$

$$\tan^2 \frac{x}{2} = \frac{1 - \cos x}{1 + \cos x}$$

예제 15 $\cos^4 x$ 를 일차의 삼각함수들의 결합으로 나타내시오.

풀이 반각의 공식을 이용하면

$$
\begin{aligned}
\cos^4 x &= (\cos^2 x)^2 = \left(\frac{1+\cos 2x}{2}\right)^2 \\
&= \frac{1}{4}(1+2\cos 2x+\cos^2 2x) \\
&= \frac{1}{4}\left(1+2\cos 2x+\frac{1+\cos 4x}{2}\right) \\
&= \frac{1}{8}(3+4\cos 2x+\cos 4x)
\end{aligned}
$$
■

문제 4.15 $\sin^4 x$를 일차의 삼각함수들의 결합으로 나타내시오.

덧셈정리

$$
\begin{aligned}
\sin(x+y) &= \sin x \cos y + \cos x \sin y \\
\sin(x-y) &= \sin x \cos y - \cos x \sin y
\end{aligned}
$$

의 양변을 각각 더하면

$$\sin(x+y)+\sin(x-y) = 2\sin x \cos y$$

이고 양변을 각각 빼면

$$\sin(x+y)-\sin(x-y) = 2\cos x \sin y$$

이므로

$$
\begin{aligned}
\sin x \cos y &= \frac{1}{2}[\sin(x+y)+\sin(x-y)] \\
\cos x \sin y &= \frac{1}{2}[\sin(x+y)-\sin(x-y)]
\end{aligned}
$$

를 얻는다. 또 덧셈정리

$$
\begin{aligned}
\cos(x+y) &= \cos x \cos y - \sin x \sin y \\
\cos(x-y) &= \cos x \cos y + \sin x \sin y
\end{aligned}
$$

의 양변을 각각 더하고 빼면

$$
\begin{aligned}
\cos(x+y)+\cos(x-y) &= 2\cos x \cos y \\
\cos(x+y)-\cos(x-y) &= -2\sin x \sin y
\end{aligned}
$$

이므로

$$\cos x \cos y = \frac{1}{2}[\cos(x+y) + \cos(x-y)]$$

$$\sin x \sin y = -\frac{1}{2}[\cos(x+y) - \cos(x-y)]$$

를 얻는다.

이상을 정리하면 다음과 같다.

❙ 정리 4.12 ❙ 곱을 합과 차로 바꾸는 공식

$$\sin x \cos y = \frac{1}{2}[\sin(x+y) + \sin(x-y)]$$

$$\cos x \sin y = \frac{1}{2}[\sin(x+y) - \sin(x-y)]$$

$$\cos x \cos y = \frac{1}{2}[\cos(x+y) + \cos(x-y)]$$

$$\sin x \sin y = -\frac{1}{2}[\cos(x+y) - \cos(x-y)]$$

예제 16 다음 삼각함수의 값을 구하시오.

(1) $\sin 75° \cos 15°$ (2) $\cos 75° \cos 15°$

풀이 (1) 곱을 합과 차로 바꾸는 공식을 이용하면

$$\begin{aligned} \sin 75° \cos 15° &= \frac{1}{2}(\sin 90° + \sin 60°) \\ &= \frac{1}{2}\left(1 + \frac{\sqrt{3}}{2}\right) \\ &= \frac{2+\sqrt{3}}{4} \end{aligned}$$

(2) 곱을 합과 차로 바꾸는 공식을 이용하면

$$\begin{aligned} \cos 75° \cos 15° &= \frac{1}{2}(\cos 90° + \cos 60°) \\ &= \frac{1}{2}\left(0 + \frac{1}{2}\right) = \frac{1}{4} \end{aligned}$$

■

문제 4.16 다음 삼각함수의 값을 구하시오.

(1) $\cos 75° \sin 15°$ (2) $\sin 75° \sin 15°$

$\alpha = x + y$, $\beta = x - y$라 하면

$$x = \frac{\alpha + \beta}{2}, \quad y = \frac{\alpha - \beta}{2}$$

이다. 따라서 곱을 합과 차로 바꾸는 공식

$$\sin x \cos y = \frac{1}{2}[\sin(x+y) + \sin(x-y)]$$

에서

$$\sin\frac{\alpha+\beta}{2}\cos\frac{\alpha-\beta}{2} = \frac{1}{2}(\sin\alpha + \sin\beta)$$

이므로

$$\sin\alpha + \sin\beta = 2\sin\frac{\alpha+\beta}{2}\cos\frac{\alpha-\beta}{2}$$

를 얻는다. 곱을 합과 차로 바꾸는 다른 공식에서도 같은 방법으로 합과 차를 곱으로 바꾸는 다음 공식을 유도할 수 있다.

| 정리 4.13 | 합과 차를 곱으로 바꾸는 공식

$$\sin x + \sin y = 2\sin\frac{x+y}{2}\cos\frac{x-y}{2}$$

$$\sin x - \sin y = 2\cos\frac{x+y}{2}\sin\frac{x-y}{2}$$

$$\cos x + \cos y = 2\cos\frac{x+y}{2}\cos\frac{x-y}{2}$$

$$\cos x - \cos y = -2\sin\frac{x+y}{2}\sin\frac{x-y}{2}$$

예제 17 $\sin 5° + \sin 125° - \sin 115°$의 값을 구하시오.

풀이 곱을 합과 차로 바꾸는 공식을 이용하면

$$\begin{aligned}\sin 5° + \sin 125° - \sin 115° &= \sin 5° + (\sin 125° - \sin 115°)\\ &= \sin 5° + 2\cos 120° \sin 5°\\ &= \sin 5° - 2 \cdot \frac{1}{2} \sin 5° = 0\end{aligned}$$ ■

문제 4.17 $\cos 5° + \cos 125° + \cos 115°$의 값을 구하시오.

연습문제 4.4

1. 삼각형 ABC에서 $a = 3$, $R = 3$일 때 예각 A의 크기를 구하시오.

2. 삼각형 ABC에서 $A = \frac{\pi}{3}$, $B = \frac{\pi}{4}$이고 $a = 2\sqrt{3}$일 때 b의 길이를 구하시오.

3. x, y는 예각이고 $\sin x = \frac{13}{14}$, $\sin y = \frac{11}{14}$일 때 $\sin(x+y)$, $\cos(x+y)$, $\tan(x+y)$를 각각 구하시오.

4. $\cos(x+y)\cos(x-y) = \cos^2 x - \sin^2 y$임을 보이시오.

5. $\dfrac{\sin 55° \sin 35°}{\cos 80° + \cos 40°}$의 값을 구하시오.

함수의 극한과 연속 5

5.1 함수의 극한

함수 $f(x)=2x+1$에서 x가 1에 가까운 값일 때 $f(x)$의 값은 어떻게 되는지 생각해보자. 예를 들어

$$x=0.9\text{이면 } f(0.9)=2.8$$
$$x=0.99\text{이면 } f(0.99)=2.98$$
$$x=0.999\text{이면 } f(0.999)=2.998$$

이고

$$x=1.1\text{이면 } f(1.1)=3.2$$
$$x=1.01\text{이면 } f(1.01)=3.02$$
$$x=1.001\text{이면 } f(1.001)=3.002$$

이다. 따라서 x가 1에 가까워지면 가까워질수록 $f(x)$의 값은 3에 가까워짐을 알 수 있다. 이와 같이 x가 어떤 값에 가까이 갈 때 $f(x)$가 어떻게 변하는지를 알아보는 것을 함수의 극한이라 한다.

| 정의 5.1 |

실수 a를 포함하는 개구간을 a의 **근방**(neighborhood)이라 한다. 함수 $f(x)$가 a를 제외한 a의 근방에서 정의되어 있다고 하자. x가 a에 한없이 가까이 갈 때 $f(x)$가 일정한 값 A에 한없이 가까이 가면, $x=a$에서 $f(x)$의 **극한값**은 A라 하고

$$\lim_{x\to a} f(x) = A$$

라 나타낸다.

x가 a보다 큰 값을 취하면서 a에 가까이 가는 것을 $x\to a^+$, a보다 작은 값을 취하면서 a에 가까이 가는 것을 $x\to a^-$라 나타낸다. $x\to a^+$일 때 $f(x)$가 A에 가까이가면

$$\lim_{x\to a^+} f(x) = A$$

라 나타내고 $x\to a^-$일 때 $f(x)$가 B에 가까이가면

$$\lim_{x\to a^-} f(x) = B$$

라 나타내며, 각각 **우극한값**, **좌극한값**이라 한다.

우극한값과 좌극한값이 항상 일치하는 것은 아니다. 극한값이 존재할 필요충분조건은 우극한값과 좌극한값이 일치하는 것이다. 즉,

$$\lim_{x\to a} f(x) = \lim_{x\to a^+} f(x) = \lim_{x\to a^-} f(x)$$

이다.

예제 1 다음 극한값을 구하시오.

(1) $\lim_{x\to a} c$ (c는 상수) (2) $\lim_{x\to 0}\frac{|x|}{x}$

풀이 (1) $f(x)=c$라 하자. 모든 x에 대하여 $f(x)=c$이므로 x가 a에 가까운 값일 때도 $f(x)=c$이다. 따라서 $\lim_{x\to a} c = c$이다.

(2) 우극한값과 좌극한값을 생각해보자.

$$\lim_{x\to 0^+}\frac{|x|}{x}=\lim_{x\to 0^+}\frac{x}{x}=1$$

이고

$$\lim_{x\to 0^-}\frac{|x|}{x}=\lim_{x\to 0^-}\frac{-x}{x}=-1$$

이므로 $\lim_{x\to 0}\frac{|x|}{x}$는 존재하지 않는다. ■

문제 5.1 다음 극한값을 구하시오.

(1) $\lim_{x\to 2} x$

(2) $\lim_{x\to 3} [x]$ ($[x]$는 x를 넘지 않는 최대정수)

함수의 극한값을 계산하는 데 편리한 공식을 알아보자.

| 정리 5.2 |

두 함수 $f(x)$, $g(x)$에 대하여 $\lim_{x\to a} f(x)$, $\lim_{x\to a} g(x)$가 존재하면 다음이 성립한다.

(1) $\lim_{x\to a}(f(x)+g(x))=\lim_{x\to a} f(x)+\lim_{x\to a} g(x)$

(2) $\lim_{x\to a} kf(x)=k\lim_{x\to a} f(x)$, k는 상수

(3) $\lim_{x\to a} f(x)g(x)=\lim_{x\to a} f(x)\cdot\lim_{x\to a} g(x)$

(4) $\lim_{x\to a}\frac{f(x)}{g(x)}=\frac{\lim_{x\to a} f(x)}{\lim_{x\to a} g(x)}$, 단, $\lim_{x\to a} g(x)\neq 0$

$\lim_{x\to a} f(x)=A$, $\lim_{x\to a} g(x)=B$라 하면 x가 a에 한없이 가까이 갈 때 $f(x)$는 A에 가까이 가고 $g(x)$는 B에 가까이 간다. 따라서 $f(x)+g(x)$는 $A+B$에 가까이 감을 알 수 있다. 즉,

$$\lim_{x \to a}(f(x) + g(x)) = A + B = \lim_{x \to a} f(x) + \lim_{x \to a} g(x)$$

이다. 정리 5.2의 나머지 성질도 비슷한 방법으로 생각하면 성립함을 쉽게 알 수 있다.

예제 2 다음 극한값을 구하시오.

(1) $\lim_{x \to 1}(x^2 + 2x)$ (2) $\lim_{x \to 1}(x+1)(x^2 + 2x)$

(3) $\lim_{x \to -1}\dfrac{x^2 - 1}{x+1}$ (4) $\lim_{x \to 0}\dfrac{x}{\sqrt{x+1} - 1}$

풀이 (1) 정리 5.2를 적용하면

$$\begin{aligned}\lim_{x \to 1}(x^2 + 2x) &= \lim_{x \to 1}(x^2) + \lim_{x \to 1} 2x \\ &= \lim_{x \to 1} x \cdot \lim_{x \to 1} x + 2\lim_{x \to 1} x = 3\end{aligned}$$

(2) 정리 5.2를 적용하면

$$\lim_{x \to 1}(x+1)(x^2 + 2x) = \lim_{x \to 1}(x+1) \cdot \lim_{x \to 1}(x^2 + 2x) = 6$$

(3) 분자를 인수분해하여 정리하면

$$\frac{x^2 - 1}{x+1} = \frac{(x+1)(x-1)}{x+1} = x - 1$$

이므로

$$\lim_{x \to -1}\frac{x^2 - 1}{x+1} = \lim_{x \to -1}(x-1) = -2$$

(4) 분모를 유리화하면

$$\begin{aligned}\frac{x}{\sqrt{x+1} - 1} &= \frac{x(\sqrt{x+1} + 1)}{(\sqrt{x+1} - 1)(\sqrt{x+1} + 1)} \\ &= \frac{x(\sqrt{x+1} + 1)}{x} \\ &= \sqrt{x+1} + 1\end{aligned}$$

이므로

$$\lim_{x\to 0}\frac{x}{\sqrt{x+1}-1}=\lim_{x\to 0}(\sqrt{x+1}+1)=2 \qquad \blacksquare$$

문제 5.2 다음 극한값을 구하시오.

(1) $\lim_{x\to 2}(x^2-3x)$

(2) $\lim_{x\to -2}\frac{-x+1}{x^2+x+1}$

(3) $\lim_{x\to 2}\frac{x^2+x-6}{x^2-4}$

(4) $\lim_{x\to 0}\left(\frac{x}{\sqrt{1+x}}-\frac{x}{\sqrt{x}}\right)$

연습문제 5.1

1. 다음 극한값을 구하시오.

(1) $\lim_{x\to 2}(2x^2+x-3)$

(2) $\lim_{x\to 3}(x^2-1)(x^2+2x)$

(3) $\lim_{x\to -3}\frac{x^2-x-12}{x+3}$

(4) $\lim_{x\to 0}\frac{\sqrt{x+9}-3}{x}$

(5) $\lim_{x\to 1}\frac{x-2}{(x-1)^2}$

(6) $\lim_{x\to 0}\frac{(3+x)^2-9}{x}$

(7) $\lim_{x\to 0}\frac{(2+x)^3-8}{x}$

(8) $\lim_{x\to 0}\frac{(2+x)^4-16}{x}$

(9) $\lim_{x\to 0}\left(\frac{1}{x}-\frac{1}{x^2+x}\right)$

(10) $\lim_{x\to 3^+}\ln(x-3)$

5.2 함수의 연속

함수가 연속이라는 것은 직관적으로는 그 함수의 그래프가 이어져 있다는 것을 의미한다. 연속을 어떻게 정의하면 좋을지 다음 그래프에서 알아보자.

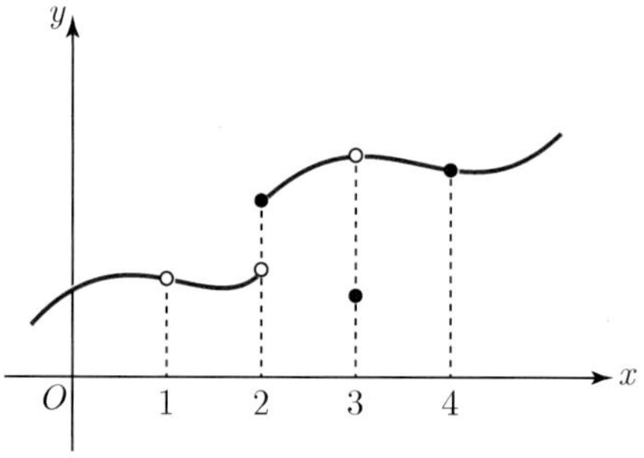

그림 5.1 $y = f(x)$의 그래프

위의 그림 5.1은 $x = 1, 2, 3$에서는 연속이 아니고 $x = 4$에서는 연속임을 알 수 있다. 각 점에서의 함수의 성질을 살펴보자. $x = 1$에서는 $f(1)$이 정의되지 않고, $x = 2$에서는 $\lim_{x \to 2} f(x)$가 존재하지 않으며, $x = 3$에서는 $\lim_{x \to 3} f(x) \neq f(3)$이다. 그러나 $x = 4$에서는 $\lim_{x \to 4} f(x) = f(4)$이다. 따라서 함수의 연속을 다음과 같이 정의할 수 있다.

정의 5.3

함수 f가 a 근방에서 정의되어 있다고 하자.

$$\lim_{x \to a} f(x) = f(a)$$

가 성립하면 $f(x)$는 $x = a$에서 **연속**(continuous)이라 한다. 또 f가 정의역의 모든 점에서 연속일 때 **연속함수**(continuous function)라 한다.

극한을 이용하여 연속을 정의하였으므로, 정리 5.2를 이용하면 연속에 관한 다음 정리를 얻을 수 있다.

| 정리 5.4 |

두 함수 f, g가 $x=a$에서 연속이면 다음 함수들도 $x=a$에서 연속이다.

$$f \pm g,\ kf\ (k\text{는 상수}),\ fg,\ \frac{f}{g}\ (g(a) \neq 0)$$

예를 들어 $f(x)=c$와 $f(x)=x$는 연속함수이다. 정리 5.4에 의하여 $f(x)=x^2$, $f(x)=x^3$ 등도 연속함수이다. 따라서 다항함수, 즉

$$f(x)=a_n x^n + \cdots + a_1 x + a_0$$

는 연속함수이고, 유리함수, 즉

$$f(x)=\frac{a_n x^n + \cdots + a_1 x + a_0}{b_m x^m + \cdots + b_1 x + b_0}$$

는 분모가 0이 아닌 점에서 연속이다.

예제 3 함수

$$f(x)=\begin{cases} cx+1, & x \le 2 \\ -cx^2+7, & x>2 \end{cases}$$

가 모든 x에 대하여 연속이 되기 위한 c의 값을 구하시오.

풀이 $cx+1$은 $x<2$에서 연속이고 $-cx^2+7$은 $x>2$에서 연속이므로 $x=2$에서 연속인지만 따져보면 된다. 즉,

$$\lim_{x\to 2} f(x)=f(2)$$

이면 된다.

$$\lim_{x\to 2^-} f(x)=2c+1,\ \lim_{x\to 2^+} f(x)=-4c+7$$

이므로 $2c+1=-4c+7$이어야 한다. 따라서 $c=1$이다. ■

문제 5.3 함수

$$f(x)=\begin{cases}\dfrac{x^2-1}{x-1}, & x\neq 1\\ c, & x=1\end{cases}$$

가 모든 x에 대하여 연속이 되기 위한 c의 값을 구하시오.

❙ 정리 5.5 ❙

함수 f가 b에서 연속이고 $\lim_{x\to a} g(x)=b$이면 $\lim_{x\to a} f(g(x))=f(b)$이다. 즉,

$$\lim_{x\to a} f(g(x))=f(\lim_{x\to a} g(x))$$

이다.

정리 5.5는 직관적으로는 다음과 같이 설명할 수 있다. $\lim_{x\to a} g(x)=b$이므로 x가 a에 가까이 가면 $g(x)$는 b에 가까이 간다. 또 $\lim_{y\to b} f(y)=f(b)$이 므로 $f(g(x))$는 $f(b)$에 가까이 가게 된다. 따라서 $\lim_{x\to a} f(g(x))=f(b)$이다.

정리 5.5에서 $b=g(a)$라 하면 다음 정리를 얻는다.

❙ 정리 5.6 ❙

함수 g가 a에서 연속이고 함수 f가 $g(a)$에서 연속이면 합성함수 $f\circ g$는 a에서 연속이다.

예제 ④ 극한 $\lim_{x\to\pi/2} \sin(x+2\cos x)$를 구하시오.

풀이 4장에서 공부한 삼각함수의 그래프를 보면 $\sin x$와 $\cos x$는 연속함수임을 알 수 있다. 따라서

$$\lim_{x\to\pi/2}\sin(x+2\cos x)=\sin\left(\lim_{x\to\pi/2} x+2\cos\lim_{x\to\pi/2} x\right)$$

$$=\sin\frac{\pi}{2}=1$$

■

문제 5.4 극한 $\lim_{x\to 0} e^{x^2+1}\cos x$를 구하시오.

연습문제 5.2

1. 다음 함수는 어디에서 연속인가?

(1) $f(x)=\dfrac{1}{x+2}$

(2) $f(x)=\dfrac{x^2-3x+2}{x-2}$

(3) $f(x)=\begin{cases}2x-1, & x\le 1\\ x+1, & x>1\end{cases}$

(4) $f(x)=\begin{cases}x+1, & x<0\\ e^x, & x>0\\ 1, & x=0\end{cases}$

2. 다음 함수가 모든 x에 대하여 연속이 되도록 c의 값을 구하시오.

(1) $f(x)=\begin{cases}\dfrac{x^2-4}{x-2}, & x\ne 2\\ c, & x=2\end{cases}$

(2) $f(x)=\begin{cases}-x^2+2x+c^2, & x\le -1\\ 7x+4c, & x>-1\end{cases}$

다항함수의 도함수 6

6.1 도함수

함수 $y=f(x)$에서 x가 a에서 $a+h$까지 변할 때 함숫값 y는 $f(a)$에서 $f(a+h)$까지 변한다. 이때 x의 변화량을 Δx, y의 변화량을 Δy라 나타내고 각각 **x의 증분**, **y의 증분**이라 한다. 즉,

$$\Delta x=(a+h)-a=h,\ \ \Delta y=f(a+h)-f(a)$$

이다. 또 두 증분의 비

$$\frac{\Delta y}{\Delta x}=\frac{f(a+h)-f(a)}{h}=\frac{f(a+\Delta x)-f(a)}{\Delta x}$$

를 x가 a에서 $a+h$까지 변할 때 함수 $f(x)$의 **평균변화율**이라 한다.

예제 1 x가 1에서 3까지 변할 때 함수 $f(x)=x^2-2x$의 평균변화율을 구하시오.

풀이 $\dfrac{\Delta y}{\Delta x}=\dfrac{f(3)-f(1)}{3-1}=\dfrac{(9-6)-(1-2)}{2}=2$ ■

문제 6.1 x가 1에서 3까지 변할 때 함수 $f(x)=\dfrac{x}{x+1}$의 평균변화율을 구하시오.

함수 $y=f(x)$가 a 근방에서 정의되어 있을 때 극한

$$\lim_{\Delta x\to 0}\frac{\Delta y}{\Delta x}=\lim_{h\to 0}\frac{f(a+h)-f(a)}{h}$$

가 존재하면 이 극한값을 함수 $f(x)$의 $x=a$에서의 **미분계수** 또는 **순간변화율**이라 하고 $f'(a)$라 나타낸다. 또 이때 $f(x)$의 $x=a$에서 **미분가능하다**(differentiable)고 한다. 즉,

$$f'(a)=\lim_{h\to 0}\frac{f(a+h)-f(a)}{h}=\lim_{x\to a}\frac{f(x)-f(a)}{x-a}$$

이다.

예제 2 함수 $f(x)=x^2+3x$의 $x=2$에서의 미분계수를 구하시오.

풀이

$$\begin{aligned}f'(2)&=\lim_{h\to 0}\frac{f(2+h)-f(2)}{h}\\&=\lim_{h\to 0}\frac{(2+h)^2+3(2+h)-(2^2+6)}{h}\\&=\lim_{h\to 0}\frac{7h+h^2}{h}=\lim_{h\to 0}(7+h)=7\end{aligned}$$

■

문제 6.2 함수 $f(x)=2x^2-x+1$의 $x=1$에서의 미분계수를 구하시오.

| 정의 6.1 |

함수 $f(x)$가 미분가능할 때 x에 대하여 미분계수 $f'(x)$를 대응시키는 함수를 **도함수**(derivative)라 하고 y', $f'(x)$, $\dfrac{dy}{dx}$, $\dfrac{d}{dx}f(x)$ 등으로 나타낸다. 즉,

$$f'(x)=\lim_{h\to 0}\frac{f(x+h)-f(x)}{h}$$

이다.

도함수 $f'(x)$를 구하는 것을 $f(x)$를 미분한다고 한다.

예제 ③ 다음 함수의 도함수를 구하시오.

(1) $f(x)=3x+1$ (2) $f(x)=2x^2$

풀이 (1) $f'(x)=\lim_{h\to 0}\frac{f(x+h)-f(x)}{h}$

$$=\lim_{h\to 0}\frac{\{3(x+h)+1\}-(3x+1)}{h}$$

$$=\lim_{h\to 0}\frac{3h}{h}=3$$

(2) $f'(x)=\lim_{h\to 0}\frac{f(x+h)-f(x)}{h}$

$$=\lim_{h\to 0}\frac{2(x+h)^2-2x^2}{h}$$

$$=\lim_{h\to 0}\frac{4xh+2h^2}{h}$$

$$=\lim_{h\to 0}(4x+2h)=4x$$

■

문제 6.3 다음 함수의 도함수를 구하시오.

(1) $f(x)=-2x$ (2) $f(x)=2x^3$

연습문제 6.1

1. 다음 함수의 주어진 구간에서 평균변화율을 구하시오.

(1) $f(x)=\sqrt{x+1}$, $[0, 3]$ (2) $f(x)=2x^2-1$, $[1, 3]$

2. 다음 함수의 주어진 점에서의 미분계수를 구하시오.

(1) $f(x)=c$, $x=1$ (2) $f(x)=x$, $x=2$

(3) $f(x)=3x^2$, $x=-1$ (4) $f(x)=x^3$, $x=1$

3. 다음 함수의 도함수를 구하시오.

(1) $f(x)=3$

(2) $f(x)=\pi$

(3) $f(x)=-2x+5$

(4) $f(x)=3x^2-1$

(5) $f(x)=x^2+3x$

(6) $f(x)=x^3$

6.2 다항함수의 미분법

대부분의 함수의 경우 도함수의 정의를 이용하여 함수를 미분하는 것은 매우 복잡하다. 따라서 미분을 간단히 할 수 있는 여러 가지 공식이 필요하다. 이 절에서는 이러한 공식들을 알아보고 이를 적용해보자.

| 정리 6.2 |

(1) $f(x)=c$(c는 상수)이면 $f'(x)=0$

(2) $f(x)=x^n$(n은 자연수)이면 $f'(x)=nx^{n-1}$

증명

(1) $f'(x)=\lim_{h\to 0}\frac{f(x+h)-f(x)}{h}=\lim_{h\to 0}\frac{c-c}{h}=0$

(2) 도함수의 정의에 의하여

$$f'(x)=\lim_{h\to 0}\frac{f(x+h)-f(x)}{h}=\lim_{h\to 0}\frac{(x+h)^n-x^n}{h}$$

이다. 이항정리를 이용하면

$$(x+h)^n=x^n+nx^{n-1}h+\frac{n(n-1)}{2!}x^{n-2}h^2+\cdots+h^n$$

이므로

$$\begin{aligned}f'(x)&=\lim_{h\to 0}\frac{nx^{n-1}h+\frac{n(n-1)}{2!}x^{n-2}h^2+\cdots+h^n}{h}\\&=\lim_{h\to 0}\left(nx^{n-1}+\frac{n(n-1)}{2!}x^{n-2}h+\cdots+h^{n-1}\right)\\&=nx^{n-1}\end{aligned}$$

■

예제 4 다음 함수를 미분하시오.

(1) $f(x)=\frac{1}{3}$

(2) $f(x)=x^8$

풀이 (1) $f(x)$는 상수함수이므로 $f'(x)=0$

(2) $f'(x)=8x^{8-1}=8x^7$ ■

문제 6.4 다음 함수를 미분하시오.

(1) $f(x)=\sqrt{2}$ (2) $f(x)=x^{17}$

정리 6.3

두 함수 $f(x)$, $g(x)$가 미분가능할 때 다음 성질이 성립한다.

(1) $(f(x)+g(x))'=f'(x)+g'(x)$

(2) $(f(x)-g(x))'=f'(x)-g'(x)$

(3) $(cf(x))'=cf'(x)$, c는 상수

(4) $(f(x)g(x))'=f'(x)g(x)+f(x)g'(x)$

증명

(1) $$\begin{aligned}(f(x)+g(x))' &= \lim_{h\to 0}\frac{\{f(x+h)+g(x+h)\}-\{f(x)+g(x)\}}{h}\\ &= \lim_{h\to 0}\frac{f(x+h)-f(x)}{h}+\lim_{h\to 0}\frac{g(x+h)-g(x)}{h}\\ &= f'(x)+g'(x)\end{aligned}$$

(2) (1)과 비슷한 방법으로 증명할 수 있으므로 생략한다.

(3) $$\begin{aligned}(cf(x))' &= \lim_{h\to 0}\frac{cf(x+h)-cf(x)}{h}=c\lim_{h\to 0}\frac{f(x+h)-f(x)}{h}\\ &= cf'(x)\end{aligned}$$

(4) $$\begin{aligned}(f(x)g(x))' &= \lim_{h\to 0}\frac{f(x+h)g(x+h)-f(x)g(x)}{h}\\ &= \lim_{h\to 0}\frac{f(x+h)g(x+h)-f(x)g(x+h)+f(x)g(x+h)-f(x)g(x)}{h}\\ &= \lim_{h\to 0}\frac{f(x+h)-f(x)}{h}g(x+h)+\lim_{h\to 0}f(x)\frac{g(x+h)-g(x)}{h}\\ &= f'(x)g(x)+f(x)g'(x)\end{aligned}$$ ■

예제 5 다음 함수를 미분하시오.

(1) $f(x) = x^2 + 2x$

(2) $f(x) = \frac{1}{3}x^3 - x^5$

(3) $f(x) = (x^2+1)(x-1)$

(4) $f(x) = (2x^3 - x^2)(x^2+2x+3)$

풀이 (1) $f'(x) = (x^2)' + (2x)' = 2x + 2$

(2) $f'(x) = \left(\frac{1}{3}x^3\right)' - (x^5)' = x^2 - 5x^4$

(3) $$\begin{aligned} f'(x) &= (x^2+1)'(x-1) + (x^2+1)(x-1)' \\ &= 2x(x-1) + (x^2+1)1 \\ &= 3x^2 - 2x + 1 \end{aligned}$$

(4) $$\begin{aligned} f'(x) &= (2x^3-x^2)'(x^2+2x+3) + (2x^3-x^2)(x^2+2x+3)' \\ &= (6x^2-2x)(x^2+2x+3) + (2x^3-x^2)(2x+2) \\ &= 10x^4 + 12x^3 + 12x^2 - 6x \end{aligned}$$ ■

문제 6.5 다음 함수를 미분하시오.

(1) $f(x) = 2x^3 - x$

(2) $f(x) = -\frac{1}{2}x^4 + 3x^2$

(3) $f(x) = (3x^2-1)(x^2-2x)$

(4) $f(x) = (x+1)(x+2)(x+3)$

곡선 $y = f(x)$ 위의 한 점 P를 고정하고 P 아닌 점 Q를 택하자. 점 Q를 곡선을 따라 점 P로 접근시킬 때 직선 PQ가 하나의 직선 L에 한없이 접근하면 직선 L을 점 P에서 곡선 $y = f(x)$의 **접선**(tangent line)이라 한다.

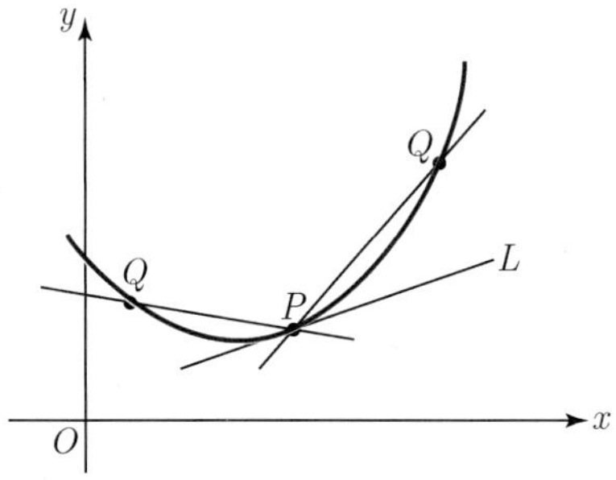

그림 6.1 접선

6.1절에서 공부한 미분계수의 기하학적 의미를 알아보기로 하자. 함수 $y=f(x)$에서 평균변화율

$$\frac{\Delta y}{\Delta x}=\frac{f(a+h)-f(a)}{h}$$

는 그림 6.2에서와 같이 곡선 위의 두 점 $P(a,\,f(a))$, $Q(a+h,\,f(a+h))$를 지나는 직선 PQ의 기울기를 나타낸다. 점 P를 고정하고 $\Delta x\to 0$으로 하면 점 Q는 곡선 $y=f(x)$를 따라 점 P에 한없이 가까워지고 직선 PQ는 점 P에서의 접선 PT에 한없이 가까워진다. 따라서 접선 PT의 기울기 m은

$$m=\lim_{\Delta x\to 0}\frac{\Delta y}{\Delta x}=\lim_{h\to 0}\frac{f(a+h)-f(a)}{h}=f'(a)$$

가 된다. 즉, 미분계수 $f'(a)$는 점 $P(a,\,f(a))$에서 곡선 $y=f(x)$의 접선의 기울기를 나타낸다.

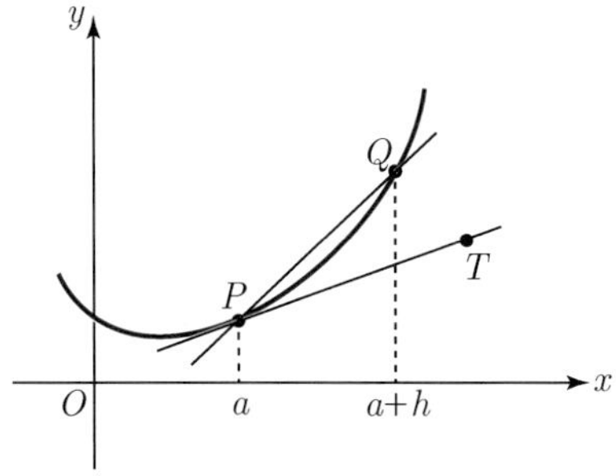

그림 6.2 접선의 기울기

따라서 접선의 방정식은 다음과 같다.

| 정리 6.4 |

곡선 $y=f(x)$ 위의 점 $P(a, f(a))$에서의 접선의 방정식은

$$y-f(a)=f'(a)(x-a)$$

예제 6 곡선 $y=x^2-3x$ 위의 점 $(2, -2)$에서의 접선의 방정식을 구하시오.

풀이 $f(x)=x^2-3x$라 하면 $f'(x)=2x-3$이므로 접선의 기울기는 $f'(2)=1$이다. 따라서 접선의 방정식은

$$y-(-2)=1(x-2)$$

이므로 정리하면

$$y=x-4$$

이다. ■

문제 6.6 곡선 $y=2x^3-4x$ 위의 점 $(1, -2)$에서의 접선의 방정식을 구하시오.

예제 7 곡선 $y=x^2-8x+9$에 접하고 기울기가 -2인 접선의 방정식을 구하시오.

풀이 접점의 좌표를 $P(a, a^2-8a+9)$라 하자. $f(x)=x^2-8x+9$라 하면 $f'(x)=2x-8$이므로

$$f'(a)=2a-8=-2$$

이어야 한다. 따라서 $a=3$이고 접점의 좌표는 $P(3, -6)$이다. 따라서 접선의 방정식은

$$y-(-6)=-2(x-3)$$

이므로 정리하면

$$y=-2x$$

이다. ■

문제 6.7 곡선 $y=x^2-x$에 접하고 기울기가 3인 접선의 방정식을 구하시오.

연습문제 6.2

1. 다음 함수의 도함수를 구하시오.

(1) $f(x)=1$

(2) $f(x)=\pi$

(3) $f(x)=3x^{12}$

(4) $f(x)=\frac{1}{4}(x^4+2)$

(5) $f(x)=7x+2$

(6) $f(x)=3x^2+5x-1$

(7) $f(x)=x^3-2x+5$

(8) $f(x)=2x^5-3x^4+x^2-1$

(9) $f(x)=(2x^3+1)(x^4-2x)$

(10) $f(x)=(2x+1)(3x-1)$

2. $f(2)=3,\ g(2)=-1,\ f'(2)=5,\ g'(2)=2$일 때 다음을 구하시오.

(1) $(f+g)'(2)$

(2) $(f-3g)'(2)$

(3) $(3f)'(2)$

(4) $(fg)'(2)$

3. 다음 곡선 위의 주어진 점에서의 접선의 방정식을 구하시오.

(1) $y=x^4-5x,\ (1,\ -4)$

(2) $y=2x^3-3x+1,\ (2,\ 11)$

4. 직선 $3x-y+5=0$에 평행하고 곡선 $y=4x^2-5x+3$에 접하는 직선의 방정식을 구하시오.

5. 점 $P(-1,\ -2)$를 지나고 곡선 $y=x^2-6x-5$에 접하는 직선의 방정식을 구하시오.

6.3 평균값의 정리와 함수의 증감

미분가능한 함수는 대부분의 경우 다루기 좋은 성질을 많이 가지고 있다. 이 절에서는 미분가능한 함수의 가장 대표적인 성질인 평균값의 정리를 공부하고 이를 이용하여 함수의 증감을 판정하여 보자.

양궁 선수가 쏜 화살이 과녁을 향해 날아가는 모양을 생각해보자.

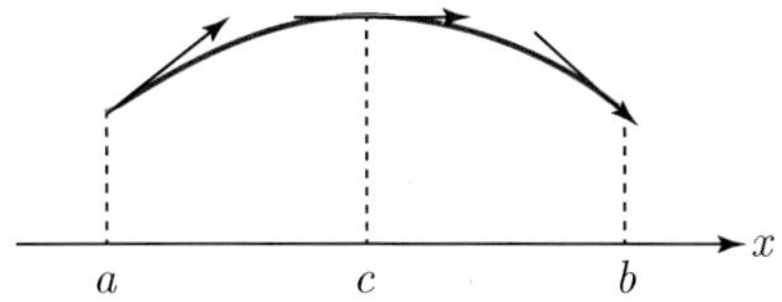

그림 6.3

그림 6.3에서 a 지점에 선수가 서 있으며 b 지점에 과녁이 있다고 하자. 화살이 발사되는 곳과 같은 높이에 있는 과녁을 정확히 맞히려면 화살은 과녁보다 조금 높은 지점을 향해 발사하여야 한다. 접선의 기울기는 그 지점에서의 화살의 방향을 나타내므로 a 지점에서 접선의 기울기는 양수이어야 한다. 또 화살이 과녁에 꽂힐 때에는 위에서 아래로 행하게 되므로 b 지점에서의 접선의 기울기는 음수이어야 한다. 화살은 처음에는 위쪽을 향하다가 마지막에는 아래쪽을 향하므로 어느 순간에는 수평으로 날아가는 지점이 있을 것이다. 이것은 그림 6.3에서 c 지점에 해당하는 것이다. 이 사실을 수학적으로 표현한 것이 롤(Rolle)의 정리이다.

▌정리 6.5▐ 롤의 정리

함수 $f(x)$가 폐구간 $[a, b]$에서 연속이고 개구간 (a, b)에서 미분가능하며 $f(a)=f(b)$이면

$$f'(c)=0$$

인 $c \in (a, b)$가 존재한다.

롤의 정리에서 세 번째 조건인 $f(a)=f(b)$를 생략하면 어떤 결과가 생길까? 그림 6.4를 보자. 이 그림에서는 $f(a) \neq f(b)$이다.

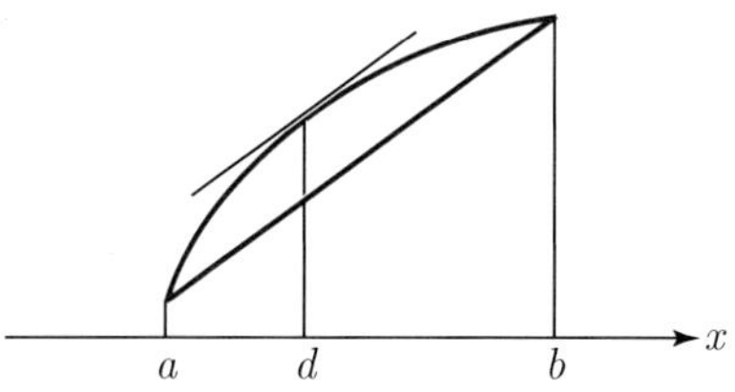

그림 6.4

이 경우에는 $f'(c)=0$이 되는 c가 존재하지 않는다. 그러나 접선의 기울기가 양 끝점을 연결한 직선과 평행한 지점은 있다. 그림 6.4에서 d가 이러한 성질을 만족한다. 이 사실을 정리하면 다음과 같다.

❙ 정리 6.6 ❙ 평균값의 정리

함수 $f(x)$가 폐구간 $[a, b]$에서 연속이고 개구간 (a, b)에서 미분가능하면

$$\frac{f(b)-f(a)}{b-a}=f'(c)$$

인 $c\in(a, b)$가 존재한다.

상수함수는 미분하면 0임을 알고 있다. 그러면 도함수가 0인 함수는 상수함수 밖에 없을까? 즉, 폐구간 $[a, b]$에서 연속이고 개구간 (a, b)에서 미분가능하며 $f'(x)=0$인 함수는 어떤 함수일까? 평균값의 정리를 이용하면 이러한 함수는 상수함수뿐이라는 것을 보일 수 있다. 왜냐하면 임의의 $x_1, x_2\in[a, b]$에 대하여 평균값의 정리를 적용하면

$$\frac{f(x_2)-f(x_1)}{x_2-x_1}=f'(c)=0$$

이므로 $f(x_2)=f(x_1)$이기 때문이다. 즉, $f(x)$는 상수함수이다.

예제 8 함수 $f(x)=x^3-x$의 그래프에서 두 점 $(0, 0)$, $(2, 6)$을 잇는 직선과 평행한 접선을 갖는 점의 x좌표를 구하시오.

풀이 두 점 $(0, 0)$, $(2, 6)$을 지나는 직선의 기울기는 $\frac{6-0}{2-0}=3$이다. $f'(x)=3x^2-1$

이므로

$$f'(c) = 3c^2 - 1 = 3$$

에서 $c = \pm\dfrac{2}{\sqrt{3}}$이지만 구간 $(0, 2)$에 있는 것은 $c = \dfrac{2}{\sqrt{3}}$이다. ■

문제 6.8 함수 $f(x) = x^3 + 2x - 1$의 그래프에서 두 점 $(0, -1)$, $(1, 2)$를 잇는 직선과 평행한 접점을 갖는 점의 x좌표를 구하시오.

함수 $f(x)$가 구간 I 내의 임의의 두 점 x_1, x_2에 대하여

$$x_1 < x_2 \text{이면 } f(x_1) < f(x_2)$$

일 때 $f(x)$가 구간 I에서 **증가한다**고 하고

$$x_1 < x_2 \text{이면 } f(x_1) > f(x_2)$$

일 때 $f(x)$가 구간 I에서 **감소한다**고 한다.

함수의 그래프로 생각해보면 오른쪽 위로 올라가는 그래프는 증가하는 것이고 오른쪽 아래로 내려가는 그래프는 감소하는 것이다.

평균값의 정리를 이용하면 함수의 증감을 쉽게 판별할 수 있다.

정리 6.7

함수 $f(x)$가 폐구간 $[a, b]$에서 연속이고 개구간 (a, b)에서 미분가능하다고 하자. 모든 $x \in (a, b)$에 대하여

(1) $f'(x) > 0$이면 $f(x)$는 $[a, b]$에서 증가하고

(2) $f'(x) < 0$이면 $f(x)$는 $[a, b]$에서 감소한다.

증명

(1) $a \le x_1 < x_2 \le b$인 임의의 두 점 x_1, x_2에 대하여 평균값의 정리를 적용하면

$$\frac{f(x_2) - f(x_1)}{x_2 - x_1} = f'(c)$$

인 $c \in (x_1, x_2)$가 존재한다. 그런데 $x_2 - x_1 > 0$이고 $f'(c) > 0$이므로 $f(x_2) - f(x_1) > 0$

이다. 즉, $f(x_1) < f(x_2)$이다. 따라서 $f(x)$는 $[a, b]$에서 증가한다.

(2) (1)과 같은 방법으로 증명할 수 있다. ■

예제 9 다음 함수가 증가하는 구간과 감소하는 구간을 구하시오.

(1) $f(x) = x^3 - 3x + 5$ (2) $f(x) = \frac{3}{2}x^4 - 2x^3 - 6x^2$

풀이 (1) $f'(x) = 3x^2 - 3 = 3(x-1)(x+1)$이므로

$$3(x-1)(x+1) > 0 \Leftrightarrow x < -1,\ x > 1$$
$$3(x-1)(x+1) < 0 \Leftrightarrow -1 < x < 1$$

이다. 따라서 $x < -1$ 또는 $x > 1$일 때 증가하고 $-1 < x < 1$일 때 감소한다.

(2) $f(x) = 6x^3 - 6x^2 - 12x = 6x(x+1)(x-2)$이므로

$$6x(x+1)(x-2) > 0 \Leftrightarrow -1 < x < 0,\ x > 2$$
$$6x(x+1)(x-2) > 0 \Leftrightarrow x < -1,\ 0 < x < 2$$

이다. 따라서 $-1 < x < 0$ 또는 $x > 2$일 때 증가하고 $x < -1$ 또는 $0 < x < 2$일 때 감소한다. ■

문제 6.9 다음 함수가 증가하는 구간과 감소하는 구간을 구하시오.

(1) $f(x) = x^3 - 12x + 1$ (2) $f(x) = x^4 - 8x^2 + 10$

함수 $f(x)$가 a 근방에서 정의되어 있고 a 근방의 모든 x에 대하여 $f(a) > f(x)$이면 $f(a)$를 **극댓값**(local maximum), $(a, f(a))$를 **극대점**이라 하고 $f(a) < f(x)$이면 $f(a)$를 **극솟값**(local minimum), $(a, f(a))$를 **극소점**이라 한다.

또 극댓값과 극솟값을 통틀어 **극값**이라 하고, 극대점과 극소점을 통틀어 **극점**이라 한다.

일반적으로 $f(x)$가 $x = a$에서 연속이면 x가 a를 지날 때

$f(x)$가 증가상태에서 감소상태로 바뀌면 $f(a)$는 극댓값이고
$f(x)$가 감소상태에서 증가상태로 바뀌면 $f(a)$는 극솟값이다.

따라서 다음 정리를 얻는다.

| 정리 6.8 |

함수 $f(x)$가 미분가능하면 x가 a를 지날 때 $f'(x)$의 부호가

(1) 양에서 음으로 변하면 $f(a)$는 극댓값이고

(2) 음에서 양으로 변하면 $f(a)$는 극솟값이다.

| 정리 6.9 |

함수 $f(x)$가 $x=a$에서 미분가능하고 $x=a$에서 극값을 가지면 $f'(a)=0$이다.

위의 정리로부터 극값을 구할 때는 도함수가 0이 되는 점이 중요한 역할을 한다는 것을 알 수 있다. 도함수가 0이거나 존재하지 않는 점을 **임계점**(critical point)이라 부른다.

예제 10 다음 함수의 극값을 구하시오.

(1) $f(x)=x^2-2x+5$ (2) $f(x)=3x^4-16x^3+18x^2$

풀이 (1) $f'(x)=2x-2=2(x-1)$이므로 임계점은 $x=1$이다. $f(x)$의 증감을 나타내는 표를 만들면

x		1	
$f'(x)$	$-$	0	$+$
$f(x)$	↘	4 극솟값	↗

따라서 $f(1)=5$가 극솟값이고 극댓값은 없다.

(2) $f'(x)=12x^3-48x^2+36x=12x(x-1)(x-3)$이므로 임계점은 $x=0, 1, 3$이다. $f(x)$의 증감을 나타내는 표를 만들면

x		0		1		3	
$f'(x)$	$-$	0	$+$	0	$-$	0	$+$
$f(x)$		0		5		-27	
	↘	극솟값	↗	극댓값	↘	극솟값	↗

따라서 극솟값은 $f(0)=0$과 $f(3)=-27$이고 극댓값은 $f(1)=5$이다. ■

문제 6.10 다음 함수의 극값을 구하시오.

(1) $f(x) = x^2 - 4x + 3$ (2) $f(x) = 2x^3 - 9x^2 + 12x - 2$

연습문제 6.3

1. 다음 함수가 평균값의 정리의 조건을 만족하는지 알아보고 평균값의 정리를 만족하는 c 를 구하시오.

(1) $f(x) = x^2 - 4x + 2,\ [0, 4]$ (2) $f(x) = x^3 + 2x - 1,\ [0, 1]$

2. 함수 $f(x)$는 $f(0) = 1$이고 모든 x에 대하여 $3 \le f'(x) \le 4$를 만족한다고 한다. $f(2)$의 값의 범위를 구하시오.

3. 다음 함수가 증가하는 구간과 감소하는 구간을 구하시오.

(1) $f(x) = x^4 - 6x^2$ (2) $f(x) = x^3 - 6x^2 + 9x - 4$

(3) $f(x) = 2x^3 - 9x^2 + 5$ (4) $f(x) = \frac{1}{3}x^3 + x^2 - 3x$

4. 다음 함수의 극값을 구하시오.

(1) $f(x) = x^2 + x + 3$ (2) $f(x) = 2x^3 - 9x^2 + 12x - 5$

(3) $f(x) = 3x^5 - 5x^3 + 3$ (4) $f(x) = x^3 - 6x^2 + 9x + 7$

6.4 곡선의 그래프와 최대, 최소

함수 $y=f(x)$의 증가와 감소, 극대와 극소를 이용하여 함수의 그래프의 개형을 그려보자. 함수의 그래프의 개형을 그리려면 함수의 정의역, 치역, x절편, y절편, x축이나 y축 또는 원점에 대한 대칭성, 증가와 감소, 극대와 극소 등을 알아보면 그래프의 개형을 좀 더 정확히 알 수 있다.

예제 11 다음 함수의 그래프의 개형을 그리시오.

(1) $f(x)=x^3+6x^2+9x+3$

(2) $f(x)=3x^4-16x^3+18x^2$

풀이 (1) $f(0)=3$이므로 y절편은 3이다. $f'(x)=3x^2+12x+9=3(x+1)(x+3)$이므로 임계점은 $x=-1,\ -3$이다. $f(x)$의 증감표를 만들면

x		-3		-1	
$f'(x)$	$+$	0	$-$	0	$+$
$f(x)$	↗	3 극대	↘	-1 극소	↗

따라서 그래프는 그림 6.5와 같다.

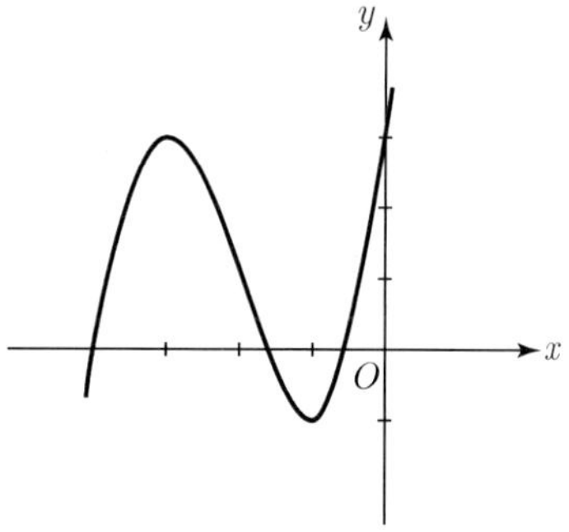

그림 6.5

(2) $f'(x)=12x^3-48x^2+36x=12x(x-1)(x-3)$이므로 임계점은 $x=0,\ 1,\ 3$이다. $f(x)$의 증감표를 만들면

x		0		1		3	
$f'(x)$	$-$	0	$+$	0	$-$	0	$+$
$f(x)$	↘	0 극소	↗	5 극대	↘	-27 극소	↗

따라서 그래프는 그림 6.6과 같다.

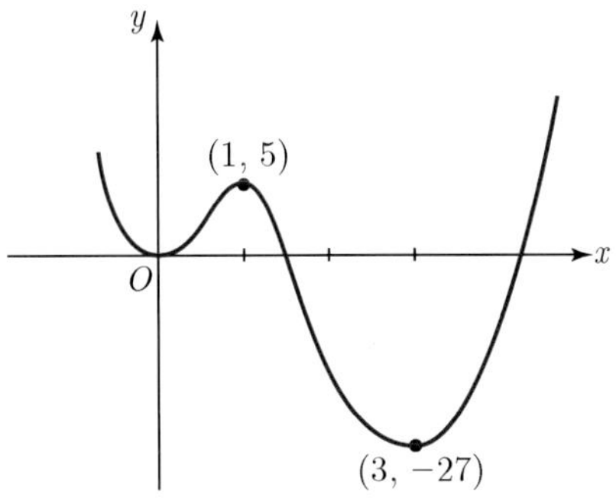

그림 6.6

■

문제 6.11 다음 함수의 그래프의 개형을 그리시오.

(1) $f(x) = -x^3 + 3x^2 + 9x + 4$

(2) $f(x) = x^4 - \frac{4}{3}x^3 - 4x^2 + 5$

극대와 극소를 이용하여 함수 $y = f(x)$의 최댓값과 최솟값을 구해보자. 함수 $y = f(x)$가 폐구간 $[a, b]$에서 연속이면 이 구간에서 반드시 최댓값과 최솟값을 갖는다.

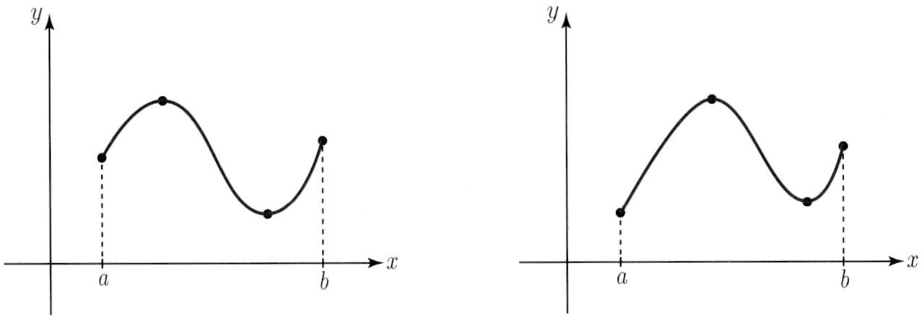

그림 6.7

그림 6.7을 관찰해보면 함수 $y = f(x)$의 $[a, b]$에서의 최댓값과 최솟값은

$$\text{극댓값, 극솟값, } f(a), \ f(b)$$

중에서 가장 큰 값이 최댓값이고 가장 작은 값이 최솟값임을 알 수 있다.

예제 12 구간 $[0, 3]$에서 함수 $f(x) = -x^4 + 8x^2 - 2$의 최댓값과 최솟값을 구하시오.

풀이 $f'(x) = -4x^3 + 16x = -4x(x-2)(x+2)$이므로 임계점은 $x = 0,\ 2,\ -2$이다. 구간 $[0, 3]$에서 $f(x)$의 증감표를 만들면

x	0		2		3
$f'(x)$	0	+	0	−	−
$f(x)$	−2	↗	14 극대	↘	−11

따라서 $x = 2$일 때 최댓값 $f(2) = 2$이고 $x = 3$일 때 최솟값 $f(3) = -11$을 갖는다. ■

문제 6.12 구간 $[-2, 3]$에서 함수 $f(x) = 2x^3 - 3x^2 - 12x + 1$의 최댓값과 최솟값을 구하시오.

예제 13 밑면의 반지름이 9cm이고 높이가 21cm인 직원뿔에 내접하는 직원기둥 중에서 부피가 최대인 것의 치수와 부피를 구하시오.

풀이 직원기둥의 밑면의 반지름을 x, 높이를 y라 하면 부피는 $V = \pi x^2 y$이다. 그림 6.8에서 닮은꼴의 비례식을 이용하면

$$x : 9 = 21 - y : 21$$

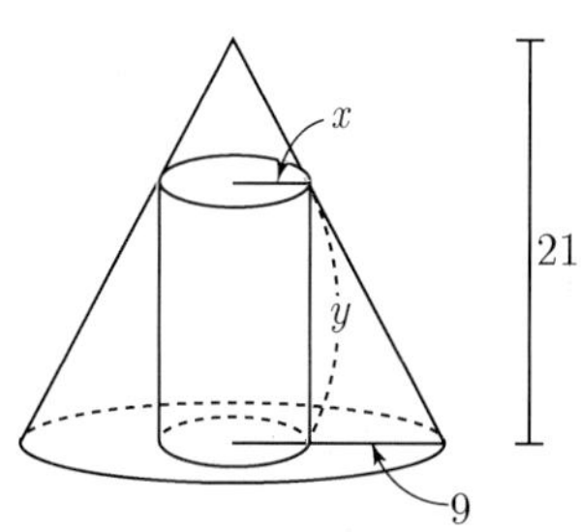

그림 6.8

이므로 $y=21-\frac{7}{3}x$이다. 따라서

$$V=\pi x^2\left(21-\frac{7}{3}x\right)=\pi\left(21x^2-\frac{7}{3}x^3\right),\ 0<x<9$$

이다.

$$\frac{dV}{dx}=\pi(42x-7x^2)=-7\pi x(x-6)$$

이므로 임계점은 $x=0, 6$이다. V의 증감표를 만들면

x	0	6	9
$V'(x)$	+	0	−
$V(x)$	↗	252π 극대	↘

따라서 $x=6$, $y=7$일 때 최대 부피 252π를 갖는다. ■

문제 6.13 한 변의 길이가 12cm인 정사각형의 종이에서 네 귀퉁이를 크기가 같은 정사각형을 잘라내고 남는 부분을 접어서 뚜껑이 없는 직육면체의 상자를 만들었다. 상자의 최대 부피와 이때 잘라내는 부분의 한 변의 길이를 구하시오.

연습문제 6.4

1. 다음 함수의 그래프의 개형을 그리시오.

(1) $f(x)=x^3-3x+2$

(2) $f(x)=x^3-3x^2+3$

(3) $f(x)=x^4-4x^3+4x^2$

(4) $f(x)=x^4-2x^2-1$

2. 다음 함수의 주어진 구간에서 최댓값과 최솟값을 구하시오.

(1) $f(x)=x^3-3x+1,\ [-1, 3]$

(2) $f(x) = 2x^3 - \frac{3}{2}x^2 - 3x - 1$, $[0,\ 3]$

(3) $f(x) = 2x^3 - 9x^2 + 12x$, $[0,\ 3]$

(4) $f(x) = x^3 - 6x^2 + 9x - 2$, $[-1,\ 4]$

3. 포물선 $y = 4 - x^2$과 x축으로 둘러싸인 영역에 내접하는 직사각형 중에서 넓이가 최대인 것의 넓이를 구하시오.

다항함수의 적분법 7

7.1 부정적분

함수 $f(x)$가 주어졌을 때 $f(x)$를 도함수로 갖는 함수를 구하는 방법을 알아보자. 예를 들어

$$(x^2)' = 2x,\ (x^2+3)' = 2x,\ (x^2-1)' = 2x$$

이므로 함수 x^2, x^2+3, x^2-1은 모두 $2x$를 도함수로 갖는다. 따라서 $2x$를 도함수로 갖는 함수를 일반적으로 나타내면

$$x^2 + C \ (C\text{는 임의의 상수})$$

로 나타낼 수 있음을 알 수 있다.

함수 $F(x)$의 도함수가 $f(x)$일 때, 즉

$$F'(x) = f(x)$$

일 때 $F(x)$를 $f(x)$의 **부정적분**(indefinite integral), **역도함수** 또는 **원시함수**라 하고

$$\int f(x)\,dx$$

라 나타낸다.

함수 $F(x)$와 $G(x)$가 모두 $f(x)$의 부정적분이면

$$F'(x) = f(x),\ \ G'(x) = f(x)$$

이므로

$$(G(x) - F(x))' = G'(x) - F'(x) = f(x) - f(x) = 0$$

이다. 그런데 도함수가 0인 함수는 상수함수이므로

$$G(x) - F(x) = C$$

즉,

$$G(x) = F(x) + C$$

이다. 따라서 $F(x)$가 $f(x)$의 하나의 부정적분이면 $f(x)$의 임의의 부정적분은

$$F(x) + C \ (C\text{는 임의의 상수})$$

라 나타낼 수 있다. 따라서

$$\int f(x)\,dx = F(x) + C$$

이다. 여기서 $f(x)$를 **피적분함수**(integrand), C를 **적분상수**라 한다. 또 함수 $f(x)$의 부정적분을 구하는 것을 $f(x)$를 적분한다고 한다.

예제 1 다음 부정적분을 구하시오.

(1) $\int 4\,dx$ (2) $\int x^3\,dx$

풀이 (1) $(4x)' = 4$이므로 $\int 4\,dx = 4x + C$

(2) $\left(\frac{1}{4}x^4\right)' = 4 \cdot \frac{1}{4}x^3 = x^3$이므로 $\int x^3\,dx = \frac{1}{4}x^4 + C$ ■

문제 7.1 다음 부정적분을 구하시오.

(1) $\int 0\,dx$ (2) $\int 8x^7\,dx$

예제 ② 다음 등식을 만족하는 $f(x)$를 구하시오.

(1) $\int f(x)\,dx = x + C$

(2) $\int f(x)\,dx = 2x^3 - x^2 + C$

풀이 (1) $f(x) = (x + C)' = 1$

(2) $f(x) = (2x^3 - x^2 + C)' = 6x^2 - 2x$ ■

문제 7.2 다음 등식을 만족하는 $f(x)$를 구하시오.

(1) $\int f(x)\,dx = 3(x+1) + C$

(2) $\int f(x)\,dx = x^5 - 3x^2 + x + C$

미분을 간단히 할 수 있는 여러 가지 공식이 있는 것처럼 적분을 간편하게 해주는 여러 가지 공식이 있다. 이 공식들을 공부하여 보자.

n이 0 또는 자연수일 때

$$\left(\frac{1}{n+1}x^{n+1}\right)' = x^n$$

이므로 다음 정리를 얻는다.

❙ 정리 7.1 ❙

n이 0 또는 자연수일 때

$$\int x^n\,dx = \frac{1}{n+1}x^{n+1} + C$$

예제 ③ 다음 부정적분을 구하시오.

(1) $\int x^4\,dx$ (2) $\int x^7\,dx$

풀이 (1) $\int x^4\,dx = \frac{1}{5}x^5 + C$

(2) $\int x^7\,dx = \frac{1}{8}x^8 + C$ ■

문제 7.3 다음 부정적분을 구하시오.

(1) $\int x^5\,dx$ (2) $\int x^{10}\,dx$

$F(x)$, $G(x)$가 각각 $f(x)$, $g(x)$의 부정적분이라 하면

$$F'(x) = f(x),\quad G'(x) = g(x)$$

이므로

$$(kF(x))' = kf(x) \quad (k\text{는 상수})$$
$$(F(x) + G(x))' = f(x) + g(x)$$
$$(F(x) - G(x))' = f(x) - g(x)$$

이다. 따라서

$$\int kf(x)\,dx = kF(x) = k\int f(x)\,dx$$
$$\int (f(x) + g(x))\,dx = F(x) + G(x) = \int f(x)\,dx + \int g(x)\,dx$$
$$\int (f(x) - g(x))\,dx = F(x) - G(x) = \int f(x)\,dx - \int g(x)\,dx$$

이다. 이것을 정리하면 다음과 같다.

정리 7.2

두 함수 f, g의 부정적분이 존재하면

$$\int kf(x)\,dx = k\int f(x)\,dx$$
$$\int (f(x) + g(x))\,dx = \int f(x)\,dx + \int g(x)\,dx$$
$$\int (f(x) - g(x))\,dx = \int f(x)\,dx - \int g(x)\,dx$$

예를 들어 $\int (x+2)\,dx$를 계산해보자.

$$\int (x+2)\,dx = \int x\,dx + 2\int 1\,dx = \left(\frac{1}{2}x^2 + C_1\right) + 2(x + C_2)$$
$$= \frac{1}{2}x^2 + 2x + C_1 + C_2$$

이다. 여기서 $C = C_1 + C_2$라 나타내면

$$\int (x+2)\,dx = \frac{1}{2}x^2 + 2x + C$$

이다. 따라서 부정적분을 구할 때 각 항의 부정적분에서 나오는 상수는 묶어서 하나로 표현하면 되므로 부정적분에서는 상수를 마지막에 하나만 써주면 된다.

예제 4 다음 부정적분을 구하시오.

(1) $\int (2x+3)\,dx$ (2) $\int (5x^3 - 3x^2 + 2)\,dx$

풀이 (1) $\int (2x+3)\,dx = 2\int x\,dx + 3\int 1\,dx = x^2 + 3x + C$

(2) $\int (5x^3 - 3x^2 + 2)\,dx = 5\int x^3\,dx - 3\int x^2\,dx + 2\int 1\,dx$

$$= \frac{5}{4}x^4 - x^3 + 2x + C$$ ■

문제 7.4 다음 부정적분을 구하시오.

(1) $\int (x-2)\,dx$ (2) $\int (3x^2 - 6x + 4)\,dx$

예제 5 다음 부정적분을 구하시오.

(1) $\int (x+1)^2\,dx$ (2) $\int (x+1)(2x-1)\,dx$

풀이 (1) $\int (x+1)^2\,dx = \int (x^2 + 2x + 1)\,dx = \frac{1}{3}x^3 + x^2 + x + C$

(2) $\int (x+1)(2x-1)\,dx = \int (2x^2+x-1)\,dx$

$$= \frac{2}{3}x^3 + \frac{1}{2}x^2 - x + C$$ ■

문제 7.5 다음 부정적분을 구하시오.

(1) $\int (x-1)^3\,dx$

(2) $\int (x^2-1)(4x+3)\,dx$

연습문제 7.1

1. 다음 부정적분을 구하시오.

(1) $\int 5\,dx$

(2) $\int x\,dx$

(3) $\int 3x^4\,dx$

(4) $\int (2x-3)\,dx$

(5) $\int (12x^2+6)\,dx$

(6) $\int \left(x^5 + \frac{3}{2}x^2 - 1\right)dx$

(7) $\int (x^6 - x^3 + 1)\,dx$

(8) $\int (-5x^3 + x^2 + 4)\,dx$

(9) $\int (2x-1)^2\,dx$

(10) $\int (2x-1)(x+5)\,dx$

2. 다음 조건을 만족하는 함수 $f(x)$를 구하시오.

(1) $f'(x) = 5x^4 - 2x^5,\ f(0) = 4$

(2) $f'(x) = 6x^2 + 2x,\ f(1) = 5$

3. 함수 $f(x)$의 그래프가 점 $(1, 0)$을 지나고 도함수가 $3x^2+2$일 때 $f(x)$를 구하여라.

7.2 정적분

평면도형의 넓이나 입체의 부피를 구하는 방법을 생각해보자. 먼저 주어진 도형을 작은 사각형이나 육면체 등으로 분할하고 이들의 넓이나 부피의 합으로 근삿값을 구하자. 다음으로 주어진 도형을 더 작게 분할하는 과정을 통하여 근삿값의 극한을 구하면 된다. 이러한 방법으로 주어진 도형의 넓이나 부피를 구하는 방법을 **구분구적법**이라 한다.

예를 들어 곡선 $y=x^2$과 x축 및 직선 $x=1$로 둘러싸인 영역의 넓이를 구해보자.

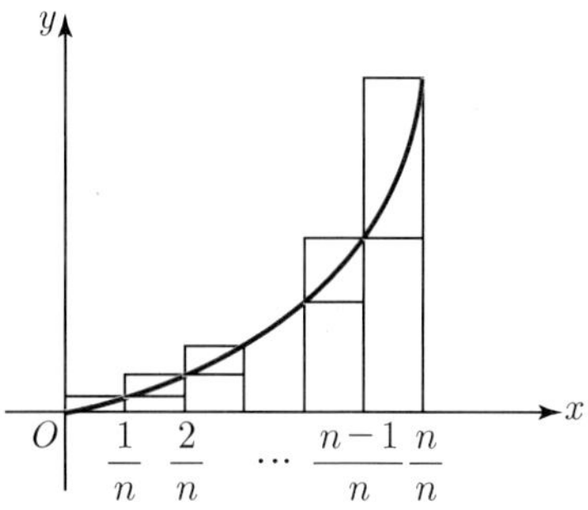

그림 7.1

그림 7.1과 같이 구간 $[0, 1]$을 n등분하면 각 분할점의 좌표는

$$0,\ \frac{1}{n},\ \frac{2}{n},\ \cdots,\ \frac{n}{n}=1$$

이고, 이에 대응하는 y값은

$$0,\ \left(\frac{1}{n}\right)^2,\ \left(\frac{2}{n}\right)^2,\ \cdots,\ \left(\frac{n}{n}\right)^2$$

이다. 그림 7.1에서와 같은 외접 직사각형의 넓이의 합을 U_n이라 하면

$$\begin{aligned}U_n &= \frac{1}{n}\left(\frac{1}{n}\right)^2+\frac{1}{n}\left(\frac{2}{n}\right)^2+\ \cdots\ +\frac{1}{n}\left(\frac{n}{n}\right)^2=\frac{1}{n^3}\sum_{k=1}^{n}k^2\\ &= \frac{1}{n^3}\frac{n(n+1)(2n+1)}{6}\end{aligned}$$

이고, 내접 직사각형의 넓이의 합을 L_n이라 하면

$$L_n = \frac{1}{n}\left(\frac{1}{n}\right)^2 + \frac{1}{n}\left(\frac{2}{n}\right)^2 + \cdots + \frac{1}{n}\left(\frac{n-1}{n}\right)^2$$
$$= \frac{1}{n^3}\sum_{k=1}^{n-1} k^2 = \frac{1}{n^3}\frac{(n-1)n(2n-1)}{6}$$

이다. 이제 분할점의 개수가 많을수록 외접 직사각형의 넓이는 줄어들어 곡선 아래의 넓이와 같게 되고, 내접 직사각형의 넓이의 합은 커져서 곡선 아래의 넓이와 같게 됨을 그림을 통하여 알 수 있다. 따라서

$$\lim_{n\to\infty} U_n = \lim_{n\to\infty}\frac{1}{n^3}\frac{n(n+1)(2n+1)}{6} = \frac{1}{3},$$
$$\lim_{n\to\infty} L_n = \lim_{n\to\infty}\frac{1}{n^3}\frac{(n-1)n(2n-1)}{6} = \frac{1}{3}$$

이므로 구하는 도형의 넓이는 $\frac{1}{3}$이다. 이러한 개념을 일반화한 것이 정적분이다.

함수 $y = f(x)$가 폐구간 $[a,\ b]$에서 정의된 함수라 하자. 구간 $[a,\ b]$를 n개의 구간으로 나눈 분점을

$$a = x_0,\ x_1,\ \cdots,\ x_n = b$$

라 하고 $\Delta x_k = x_k - x_{k-1}$, $k = 1,\ \cdots,\ n$이라 하자. 이때 $P = \{x_0,\ x_1,\ \cdots,\ x_n\}$을 구간 $[a,\ b]$의 **분할**(partition)이라 하며 소 구간 $[x_{k-1},\ x_k]$들의 최대길이를 $|P|$라 나타내자. 또, $k = 1,\ \cdots,\ n$에 대하여 $x_k{}^*$를 소 구간 $[x_{k-1},\ x_k]$의 임의의 점이라 할 때 극한

$$\lim_{n\to\infty}\sum_{k=1}^{n} f(x_k{}^*)\Delta x_k$$

가 존재하면 이 값을 구간 $[a,\ b]$에서 $f(x)$의 **정적분**(definite integral)이라 하고 $\int_a^b f(x)\,dx$라 나타내며 $f(x)$는 구간 $[a,\ b]$에서 **적분가능하다**(integrable)고 한다. 즉, $f(x)$가 적분가능하면

$$\int_a^b f(x)\,dx = \lim_{n\to\infty}\sum_{k=1}^{n} f(x_k{}^*)\Delta x_k$$

이다. 함수 $f(x)$가 구간 $[a,\ b]$에서 연속이면 이 구간에서 적분가능하다는 것이 알려져 있다.

예제 6 정적분의 정의를 이용하여 다음 적분값을 구하시오.

(1) $\int_0^2 3\,dx$ (2) $\int_0^1 x^2\,dx$

풀이 (1) 편의상 구간 [0, 2]를 n등분하면 분할점들은

$$0,\ \frac{2}{n},\ \frac{2\cdot 2}{n},\ \cdots,\ \frac{2\cdot n}{n}$$

이고 $\Delta x_k = \frac{2}{n}$이다. $x_k{}^* = \frac{2k}{n}$로 택하면 $f(x_k{}^*) = 3$이므로

$$\int_0^2 3\,dx = \lim_{n\to\infty}\sum_{k=1}^{n} 3\cdot\frac{2}{n} = \lim_{n\to\infty} 6 = 6$$

(2) 구간 [0, 1]을 n등분하면 분할점들은

$$0,\ \frac{1}{n},\ \frac{2}{n},\ \cdots,\ \frac{n}{n}$$

이고 $\Delta x_k = \frac{1}{n}$이다. $x_k{}^* = \frac{k}{n}$로 택하면 $f(x_k{}^*) = \left(\frac{k}{n}\right)^2$이므로

$$\int_0^1 x^2\,dx = \lim_{n\to\infty}\sum_{k=1}^{n}\left(\frac{k}{n}\right)^2\frac{1}{n} = \lim_{n\to\infty}\frac{1}{n^3}\sum_{k=1}^{n}k^2$$

$$= \lim_{n\to\infty}\frac{1}{n^3}\frac{n(n+1)(2n+1)}{6} = \frac{1}{3}$$ ■

문제 7.6 정적분의 정의를 이용하여 다음 적분값을 구하시오.

(1) $\int_0^2 x\,dx$ (2) $\int_0^1 x^3\,dx$

예제 7 극한 $L = \lim_{n\to\infty}\{1 + 2^2 + \cdots + n^2\}\frac{1}{n^3}$을 정적분으로 나타내시오.

풀이 식을 변형하면

$$L = \lim_{n\to\infty}\left\{\left(\frac{1}{n}\right)^2 + \left(\frac{2}{n}\right)^2 + \cdots + \left(\frac{n}{n}\right)^2\right\}\frac{1}{n} = \lim_{n\to\infty}\sum_{k=1}^{n}\left(\frac{k}{n}\right)^2\frac{1}{n}$$

이다. 이 식은 $\frac{k}{n}$에서 함숫값이 $\left(\frac{k}{n}\right)^2$이고 n등분한 소 구간 하나의 길이가 $\frac{1}{n}$일 때의 정적분을 나타낸 것이다. 따라서

$$L = \int_0^1 x^2\, dx$$ ■

문제 7.7 극한 $\lim_{n\to\infty}\left\{\left(\frac{n+1}{n}\right)^3 + \left(\frac{n+2}{n}\right)^3 + \cdots + \left(\frac{n+n}{n}\right)^3\right\}\frac{1}{n}$을 정적분으로 나타내시오.

정적분을 그 정의를 이용하여 계산하는 것은 대개의 경우 매우 복잡하다. 정적분을 쉽게 계산할 수 있는 정리를 증명 없이 소개하기로 하자. 이 정리는 미분적분학에서 매우 중요하다.

┃정리 7.3┃ 미분적분학의 기본정리

함수 $f(x)$가 구간 $[a, b]$에서 적분가능하고 $F(x)$가 $f(x)$의 역도함수이면

$$\int_a^b f(x)\, dx = F(b) - F(a)$$

이다. 여기서 $F(b) - F(a)$를 $[F(x)]_a^b$ 또는 $F(x)|_a^b$라 나타내기도 한다.

예제 8 다음 정적분을 구하시오.

(1) $\int_0^1 x^2\, dx$　　(2) $\int_1^2 (x^3+1)\, dx$

풀이 (1) $\int_0^1 x^2\, dx = \left[\frac{1}{3}x^3\right]_0^1 = \frac{1}{3}$

(2) $\int_1^2 (x^3+1)\, dx = \left[\frac{1}{4}x^4 + x\right]_1^2 = (4+2) - \left(\frac{1}{4}+1\right) = \frac{19}{4}$ ■

문제 7.8 다음 정적분을 구하시오.

(1) $\int_1^2 (x^2+x)\, dx$　　(2) $\int_{-1}^2 (2x^2+1)\, dx$

연습문제 7.2

1. 곡선 $y = x^3 + 1$과 x축 및 $x = 2$로 둘러싸인 영역의 넓이를 구분구적법을 이용하여 구하시오.

2. 정적분의 정의에 의하여 다음 적분값을 구하시오.

(1) $\int_0^2 (x+3)\,dx$ (2) $\int_0^1 (x^2-1)\,dx$

3. 다음 극한을 정적분으로 나타내시오.

(1) $\lim_{n\to\infty} \sum_{k=1}^{n} \frac{k}{n^2}$ (2) $\lim_{n\to\infty} \sum_{k=1}^{n} \left(1+\frac{2k}{n}\right)^2 \frac{1}{n}$

(3) $\lim_{n\to\infty} \sum_{k=1}^{n} \left(1+\frac{2k}{n}\right)^2 \frac{2}{n}$ (4) $\lim_{n\to\infty} \sum_{k=1}^{n} \left(\frac{3k}{n}\right)^5 \frac{3}{n}$

4. 다음 정적분을 구하시오.

(1) $\int_{-3}^2 0\,dx$ (2) $\int_0^3 2\,dx$

(3) $\int_{-1}^3 x^5\,dx$ (4) $\int_2^6 (4x+3)\,dx$

(5) $\int_0^4 (1+3x-x^2)\,dx$ (6) $\int_3^0 (4x^3+1)\,dx$

(7) $\int_1^2 (2x-1)^2\,dx$ (8) $\int_{-1}^1 (2x-1)(x+5)\,dx$

(9) $\int_{-1}^2 x(x-1)(x-2)\,dx$ (10) $\int_{-2}^3 (x+2)(2x-3)\,dx$

7.3 정적분의 계산과 응용

정적분에서 $a=b$이면 $\Delta x=0$이므로

$$\int_a^a f(x)\,dx=0$$

이다. 또 a와 b의 순서가 뒤바뀌면 Δx의 부호가 반대가 되므로

$$\int_a^b f(x)\,dx=-\int_b^a f(x)\,dx$$

가 됨을 알 수 있다. 또 쉽게 증명할 수는 없지만 모든 a, b, c에 대하여

$$\int_a^b f(x)\,dx=\int_a^c f(x)\,dx+\int_c^b f(x)\,dx$$

가 성립한다. 또, 정적분은 극한을 이용하여 정의되었으므로 극한의 기본적인 성질이 그대로 성립한다. 이상을 정리하면 다음과 같다.

정리 7.4

두 함수 f, g가 적분가능하면

$$\int_a^b kf(x)\,dx=k\int_a^b f(x)\,dx,\ (k\text{는 상수})$$

$$\int_a^b (f(x)+g(x))\,dx=\int_a^b f(x)\,dx+\int_a^b g(x)\,dx$$

$$\int_a^b (f(x)-g(x))\,dx=\int_a^b f(x)\,dx-\int_a^b g(x)\,dx$$

$$\int_a^a f(x)\,dx=0,\quad \int_a^b f(x)\,dx=-\int_b^a f(x)\,dx$$

$$\int_a^b f(x)\,dx=\int_a^c f(x)\,dx+\int_c^b f(x)\,dx$$

예제 9 정적분 $\int_{-1}^{2}(1+2x-x^2)\,dx + \int_{2}^{3}(1+2x-x^2)\,dx$의 값을 구하시오.

풀이 두 적분을 각각 계산하기보다는 정적분의 성질을 이용하는 것이 편리하다.

$$
\begin{aligned}
&\int_{-1}^{2}(1+2x-x^2)\,dx + \int_{2}^{3}(1+2x-x^2)\,dx \\
&= \int_{-1}^{3}(1+2x-x^2)\,dx \\
&= \left[x+x^2-\frac{1}{3}x^3\right]_{-1}^{3} = -\frac{19}{3}
\end{aligned}
$$

■

문제 7.9 정적분 $\int_{1}^{3}(x^2+2x-1)\,dx - \int_{1}^{2}(x^2+2x-1)\,dx$의 값을 구하시오.

예제 10 정적분 $\int_{0}^{3}|x^2-2x|\,dx$의 값을 구하시오.

풀이 절댓값의 성질에 의하여

$$
|x^2-2x| = \begin{cases} -x^2+2x, & 0 \le x \le 2 \\ x^2-2x, & 2 \le x \le 3 \end{cases}
$$

이므로

$$
\begin{aligned}
\int_{0}^{3}|x^2-2x|\,dx &= \int_{0}^{2}(-x^2+2x)\,dx + \int_{2}^{3}(x^2-2x)\,dx \\
&= \left[-\frac{1}{3}x^3+x^2\right]_{0}^{2} + \left[\frac{1}{3}x^3-x^2\right]_{2}^{3} \\
&= \frac{8}{3}
\end{aligned}
$$

■

문제 7.10 정적분 $\int_{-1}^{3}|x^2-x-2|\,dx$의 값을 구하시오.

함수 $y=f(x)$가 구간 $[a, b]$에서 연속일 때, 곡선 $y=f(x)$와 x축 및 두 직선 $x=a$, $x=b$로 둘러싸인 영역의 넓이 A를 구해보자. 우선 구간 $[a, b]$에서 $f(x) \ge 0$이라면

정적분의 정의에 의하여 넓이는

$$A=\int_a^b f(x)\,dx$$

이다. 또 구간 $[a, b]$에서 $f(x)<0$이라면 $-f(x)>0$이고 그림 7.2에서와 같이 A는 곡선 $y=-f(x)$와 x축 및 두 직선 $x=a$, $x=b$로 둘러싸인 영역의 넓이와 같다.

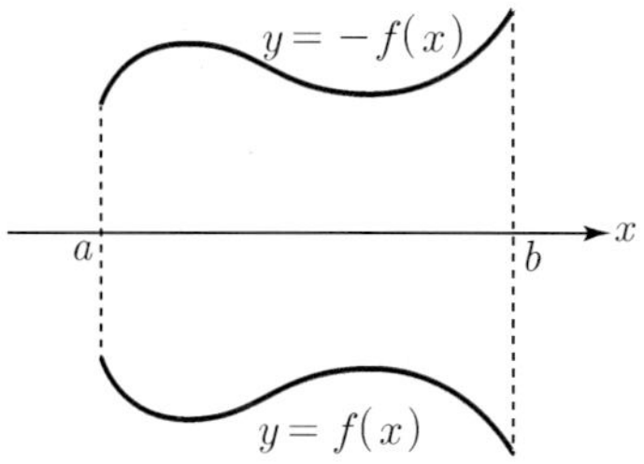

그림 7.2

따라서

$$A=\int_a^b (-f(x))\,dx=-\int_a^b f(x)\,dx$$

이다. 마지막으로 구간 $[a, c]$에서 $f(x)\geq 0$이고 구간 $[c, b]$에서 $f(x)<0$이라면

$$\begin{aligned}A&=\int_a^c f(x)\,dx+\int_c^b (-f(x))\,dx=\int_a^c |f(x)|\,dx+\int_c^b |f(x)|\,dx\\&=\int_a^b |f(x)|\,dx\end{aligned}$$

이다. 따라서 다음 정리를 얻는다.

| 정리 7.5 |

함수 $y=f(x)$가 구간 $[a, b]$에서 연속일 때, 곡선 $y=f(x)$와 x축 및 두 직선 $x=a$, $x=b$로 둘러싸인 영역의 넓이는

$$A=\int_a^b |f(x)|\,dx$$

이다.

예제 11 구간 $[0, 3]$에서 곡선 $y=x^2-2x$와 x축으로 둘러싸인 영역의 넓이를 구하시오.

풀이 곡선 $y=x^2-2x$의 그래프는 그림 7.3과 같으므로

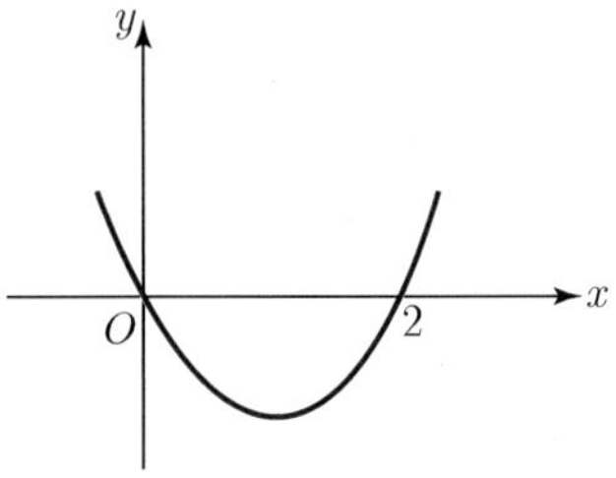

그림 7.3

$$\begin{aligned}
A &= \int_0^3 |x^2-2x|\,dx \\
&= \int_0^2 (-x^2+2x)\,dx + \int_2^3 (x^2-2x)\,dx \\
&= \left[-\frac{1}{3}x^3+x^2\right]_0^2 + \left[\frac{1}{3}x^3-x^2\right]_2^3 \\
&= -\frac{8}{3}+4+(9-9)-\left(\frac{8}{3}-4\right)=\frac{8}{3}
\end{aligned}$$

■

문제 7.11 곡선 $y=x^3+x^2-2x$와 x축으로 둘러싸인 영역의 넓이를 구하시오.

두 함수 $y=f(x)$, $y=g(x)$가 구간 $[a, b]$에서 연속이고 $f(x) \ge g(x)$라 하자. 이때 두 곡선 $y=f(x)$, $y=g(x)$와 두 직선 $x=a$, $x=b$로 둘러싸인 영역의 넓이 A를 구해보자.

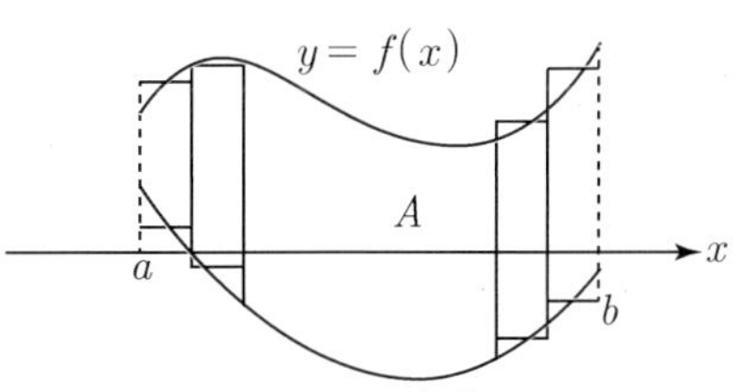

그림 7.4

그림 7.4와 같이 $[a, b]$를 n등분하여

$$a = x_0,\ x_1,\ x_2,\ \cdots,\ x_n = b$$

라 하고 $x_k{}^*$를 소 구간 $[x_{k-1}, x_k]$의 임의의 값이라 하면 k번째 소 구간에서 생기는 사각형의 넓이는

$$(f(x_k{}^*) - g(x_k{}^*))\Delta x_k$$

이다. 따라서 전체 사각형의 넓이의 합은

$$\sum_{k=1}^{n}(f(x_k{}^*) - g(x_k{}^*))\Delta x_k$$

이고, 각 소 구간의 크기를 작게 하면 할수록 이 값은 A에 더욱 근사하게 된다. 따라서

$$A = \lim_{n\to\infty}\sum_{k=1}^{n}(f(x_k{}^*) - g(x_k{}^*))\Delta x_k = \int_a^b (f(x) - g(x))\,dx$$

이다.

이상을 정리하면 다음과 같다.

▌정리 7.6▐

구간 $[a, b]$에서 연속인 두 곡선 $y = f(x)$, $y = g(x)$가 연속이고 $f(x) \ge g(x)$일 때, 이 두 곡선과 두 직선 $x = a$, $x = b$로 둘러싸인 영역의 넓이는

$$A = \int_a^b (f(x) - g(x))\,dx$$

이다.

때로는 곡선의 방정식이 x가 y의 함수로 주어질 때가 있다. 즉 $x = y^2 + 1$과 같은 경우이다. 이때는 정리 7.6에서 변수 x와 y의 역할을 바꾸어 생각하면 된다. 따라서 두 곡선이 $x = h(y)$, $x = k(y)$로 주어지고 $c \le y \le d$에서 $h(y) \ge k(y)$일 때, 이 두 곡선과 두 직선 $y = c$, $y = d$로 둘러싸인 영역의 넓이는

$$A = \int_c^d (h(y) - k(y))\,dy$$

이다.

예제 12 두 곡선 $y=2-x^2$과 $y=x^2$으로 둘러싸인 영역의 넓이를 구하시오.

풀이 두 곡선의 교점은 $(-1,1)$, $(1,1)$이고 이 두 점 사이에서 $2-x^2 \geq x^2$이다. 따라서

$$A=\int_{-1}^{1}((2-x^2)-x^2)\,dx=\int_{-1}^{1}(2-2x^2)\,dx$$
$$=\left[2x-\frac{2}{3}x^3\right]_{-1}^{1}=\frac{8}{3}$$ ■

문제 7.12 곡선 $y=2-x^2$과 직선 $y=x$로 둘러싸인 영역의 넓이를 구하시오.

예제 13 곡선 $x=y^2$과 직선 $x=y+2$으로 둘러싸인 영역의 넓이를 구하시오.

풀이 두 곡선의 교점은 $(1,-1)$, $(4,2)$이고 $-1 \leq y \leq 2$일 때 $y+2 \geq y^2$이다. 따라서

$$A=\int_{-1}^{2}(y+2-y^2)\,dy=\left[\frac{1}{2}y^2+2y-\frac{1}{3}y^3\right]_{-1}^{2}=\frac{9}{2}$$ ■

문제 7.13 두 곡선 $x=y^2$과 $x=2y-y^2$으로 둘러싸인 영역의 넓이를 구하시오.

정적분을 이용하여 입체도형의 부피를 구해보자.

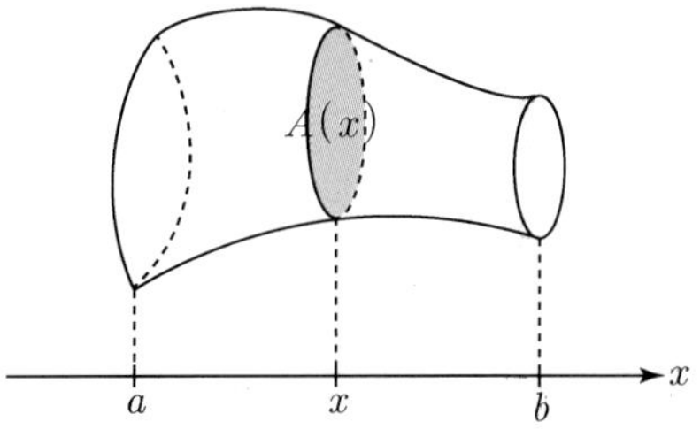

그림 7.5

그림 7.5와 같이 x축 위의 두 점 a, b에서 x축에 수직인 평면 사이에 있고 x에서 수직으로 자른 단면의 넓이가 $A(x)$인 입체의 부피 V를 구해보자. $[a, b]$를 n등분하여

$$a=x_0,\ x_1,\ x_2,\ \cdots,\ x_n=b$$

로 분할하고 $x_k{}^*$를 소 구간 $[x_{k-1}, x_k]$의 임의의 값이라 하자. 주어진 입체를 x_k에서 x축에 수직인 평면으로 자르면 각각의 잘라진 조각은 단면의 넓이가 $A(x_k{}^*)$이고 높이가 Δx_k인 기둥 모양에 근사하게 된다. 이 기둥의 부피는

$$A(x_k{}^*)\Delta x_k$$

이므로 기둥들의 부피의 합은

$$\sum_{k=1}^{n} A(x_k{}^*)\Delta x_k$$

이고, 각 소 구간의 크기를 작게 하면 할수록 이 기둥들의 부피의 합은 주어진 입체도형의 부피에 근사하게 된다. 따라서 부피는

$$V = \lim_{n\to\infty}\sum_{k=1}^{n} A(x_k{}^*)\Delta x_k = \int_a^b A(x)\,dx$$

이다. 이상을 정리하면 다음과 같다.

| 정리 7.7 |

구간 $[a, b]$의 임의의 점 x에서 x축에 수직인 평면으로 자른 단면의 넓이가 $A(x)$인 입체의 부피는

$$V = \int_a^b A(x)\,dx$$

이다.

예제 14 밑면은 반지름의 길이가 1인 원이고 x축에 수직인 단면은 정사각형인 입체의 부피를 구하시오.

풀이 반지름의 길이가 1인 원의 방정식은 $x^2+y^2=1$이다. x축에 수직인 단면의 한 변의 길이는 $2y$이므로 단면의 넓이는

$$(2y)^2 = 4(1-x^2)$$

이다. 따라서

$$V = \int_{-1}^{1} 4(1-x^2)\,dx = 4\left[x - \frac{1}{3}x^3\right]_{-1}^{1} = \frac{16}{3}$$ ■

문제 7.14 밑면은 곡선 $y = 1 - x^2$과 x축으로 둘러싸인 영역이고 x축에 수직인 단면은 정삼각형인 입체의 부피를 구하시오.

곡선 $y = f(x)$가 구간 $[a, b]$에서 연속이고 $f(x) \geq 0$일 때 곡선 $y = f(x)$와 x축 및 두 직선 $x = a$, $x = b$로 둘러싸인 영역을 x축 둘레로 회전시켜 생기는 회전체의 부피를 구해보자. 회전체의 단면은 원이므로 단면의 넓이는

$$\pi(f(x))^2$$

이다. 따라서 회전체의 부피는

$$V = \pi\int_a^b (f(x))^2\,dx$$

이다.

위의 내용을 응용하면 다음 성질을 얻을 수 있다. y축의 구간 $[c, d]$의 임의의 점 y에서 y축에 수직인 평면으로 자른 단면의 넓이가 $A(y)$인 입체의 부피는

$$V = \int_c^d A(y)\,dy$$

이다. 또 곡선 $x = g(y)$가 구간 $[c, d]$에서 연속이고 $g(y) \geq 0$일 때 곡선 $x = g(y)$와 y축 및 두 직선 $y = c$, $y = d$로 둘러싸인 영역을 y축 둘레로 회전시켜 생기는 회전체의 부피는

$$V = \pi\int_c^d (g(y))^2\,dy$$

이다. 또 구간 $[a, b]$에서 $f(x) \geq g(x) \geq 0$일 때 연속인 두 곡선 $y = f(x)$, $y = g(x)$ 사이의 영역을 x축 둘레로 회전시켜 생기는 회전체의 부피는

$$V = \pi\int_a^b \left\{(f(x))^2 - (g(x))^2\right\}dx$$

이다.

예제 15 곡선 $y=\sqrt{x}$와 $x=4$로 둘러싸인 영역을 x축 둘레로 회전했을 때 생기는 회전체의 부피를 구하시오.

풀이 $V=\pi\int_0^4(\sqrt{x})^2\,dx=\pi\left[\frac{1}{2}x^2\right]_0^4=8\pi$ ■

문제 7.15 곡선 $y=x^2$과 y축 및 $y=3$으로 둘러싸인 영역을 y축 둘레로 회전했을 때 생기는 회전체의 부피를 구하시오.

예제 16 곡선 $y=x^2$과 직선 $y=x$로 둘러싸인 영역을 x축 둘레로 회전했을 때 생기는 회전체의 부피를 구하시오.

풀이 교점은 $(0,0)$, $(1,1)$이며 이 사이에서 $x\geq x^2$이다. 따라서

$$V=\pi\int_0^1(x^2-x^4)\,dx=\pi\left[\frac{1}{3}x^3-\frac{1}{5}x^5\right]_0^1=\frac{2}{15}\pi$$ ■

문제 7.16 곡선 $y=4-x^2$과 직선 $y=x+2$로 둘러싸인 영역을 x축 둘레로 회전했을 때 생기는 회전체의 부피를 구하시오.

연습문제 7.3

1. 적분 $\int_0^2(x+1)^3\,dx+\int_2^0(x-1)^3\,dx$를 구하시오.

2. 다음 정적분을 구하시오.

(1) $\int_0^4|2x-4|\,dx$ (2) $\int_{-2}^2|x^2-1|\,dx$

(3) $\int_0^3[x]\,dx$ (4) $\int_0^2[x^2]\,dx$

3. 다음 곡선과 x축 사이의 영역의 넓이를 구하시오.

(1) $y = x^2 - 4x$ (2) $y = x^3 - x^2 - 6x$

4. 다음 두 곡선 또는 직선으로 둘러싸인 영역의 넓이를 구하시오.

(1) $y = x^2,\ y = x + 2$ (2) $y = x^2 - 1,\ y = -x^2 + 2x + 3$

(3) $y = x^2 - 4x,\ y = -x^2$ (4) $x = 4 - y^2,\ x + y - 2 = 0$

(5) $x = y^2,\ x = y + 2$ (6) $x = y(y+1)(y-2),\ x = 0$

5. 밑면은 타원 $9x^2 + 4y^2 = 36$이고 x축에 수직인 단면은 정삼각형인 입체의 부피를 구하시오.

6. 곡선 $y = x^2 + 1$과 x축 및 $x = 0,\ x = 2$로 둘러싸인 영역을 x축 둘레로 회전시켰을 때 생기는 회전체의 부피를 구하시오.

7. 곡선 $y = 4 - x^2$과 x축, y축으로 둘러싸인 영역을

(1) x축 둘레로 회전시켰을 때 생기는 회전체의 부피를 구하시오.

(2) y축 둘레로 회전시켰을 때 생기는 회전체의 부피를 구하시오.

8. 곡선 $y = x^2$과 직선 $y = x$로 둘러싸인 영역을 y축 둘레로 회전시켰을 때 생기는 회전체의 부피를 구하시오.

연습문제 해답

1장 연습문제

연습문제 1.1

1. (1) $\{2\}$ (2) $\{-2, 2\}$

   (3) $\{0\}$ (4) $\varnothing$

   (5) $\{-12, -9, -6, -3, 0, 3, 6, 9, 12, 15\}$

2. $A \cup B = \{a, b, c, d, e, f, i, o, u\}$,

   $A \cap B = \{a, e\}$,

   $A - B = \{b, c, d, f\}$,

   $B - A = \{i, o, u\}$

3. $A \cup B = (-5, \infty)$,

   $A \cap B = (-1, 5)$,

   $A - B = (-5, -1]$,

   $B - A = [5, \infty)$

4. 6명

연습문제 1.2

1. (1) $\mathbb{R}$ (2) $\mathbb{R} - \{-1\}$

   (3) $\mathbb{R} - \{-2, 3\}$ (4) $(-\infty, -2] \cup [3, \infty)$

   (5) $(-3, \infty)$ (6) $\mathbb{R}$

2. (1) $-\frac{1}{3}$ (2) $\frac{1}{3}$

   (3) $-\frac{a}{2+a}$ (4) $\frac{a-1}{a+1}$

3. (1) 0 (2) 2

   (3) $6a + 3h - 2$ (4) $-\frac{1}{(a+h+2)(a+2)}$

4. $\frac{1}{2}$

5. (1) 1 (2) 1

(3) 1

연습문제 1.3

1. (1) $(f+g)(x)=1,\ x\neq-1$

(2) $(f-g)(x)=\frac{1-x}{x+1},\ x\neq-1$

(3) $(fg)(x)=\frac{x}{(x+1)^2},\ x\neq-1$

(4) $\left(\frac{f}{g}\right)(x)=\frac{1}{x},\ x\neq0,\ -1$

2. (1) $(f\circ g)(x)=\sqrt{\sqrt{4-x^2}-2},\ \{0\}$

(2) $(g\circ f)(x)=\sqrt{6-x},\ [2,\ 6]$

3. $\frac{2}{3}$

4. (1) $f(x)=x^4,\ g(x)=2x+3$

(2) $f(x)=x^3-x+1,\ g(x)=x+2$

연습문제 1.4

1. (1) $f(a)=f(b)$라 하면 $\sqrt{a}+2=\sqrt{b}+2$이므로 $\sqrt{a}=\sqrt{b}$이다. 양변을 제곱하면 $a=b$이므로 일대일 함수이다.

(2) $f(0)=f(-2)=4$이므로 일대일 함수가 아니다.

2. (1) $f^{-1}(x)=\frac{2x+1}{x-2}$

(2) $f^{-1}(x)=\frac{1}{5}(x^2-2)$

3. (1) 화씨온도를 섭씨온도로 바꾸는 함수

(2) $C=\frac{5}{9}(F-32)$

연습문제 1.5

1. (1) 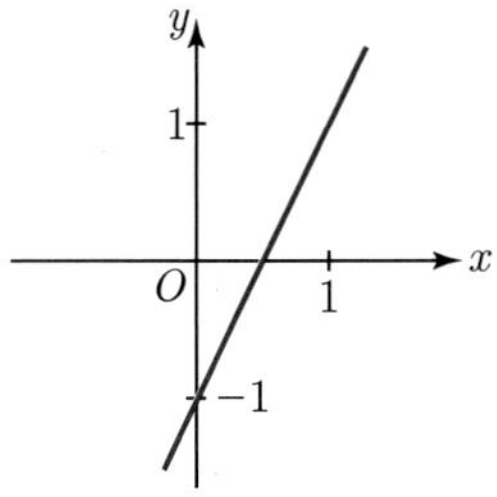

(2) 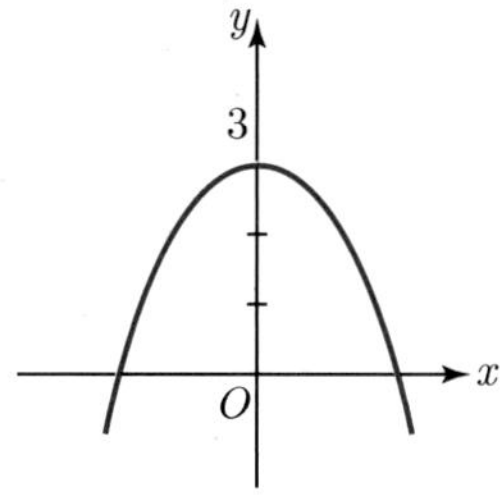

(3) 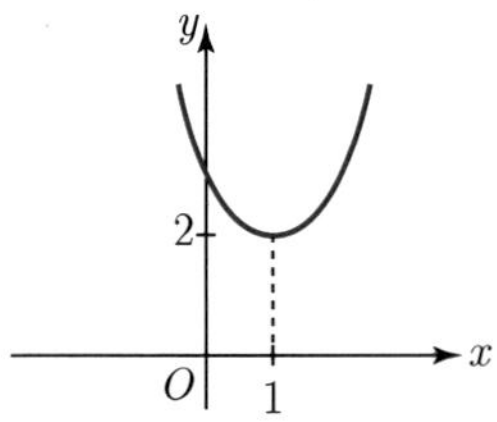

(4) 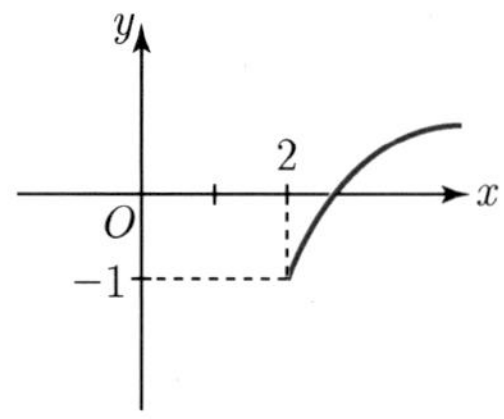

2. (1) x절편 $1,\ -1$, y절편 1 (2) x절편 $3,\ -3$, y절편 $2,\ -2$

3. $(f+g)(-x)=f(-x)+g(-x)=f(x)+g(x)$

$$=f(x)+g(x)=(f+g)(x)$$

이므로 $f+g$는 우함수이고

$$(fg)(-x)=f(-x)g(-x)=f(x)g(x)=f(x)g(x)=(fg)(x)$$

이므로 fg는 우함수이다.

4. (1) 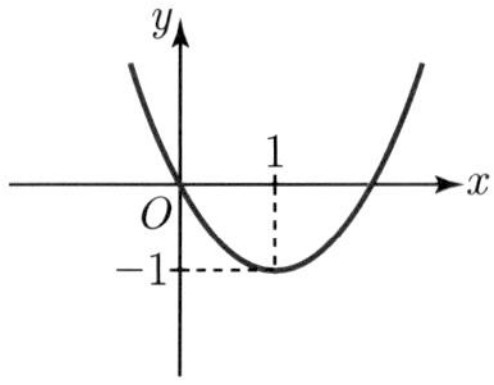

(2) 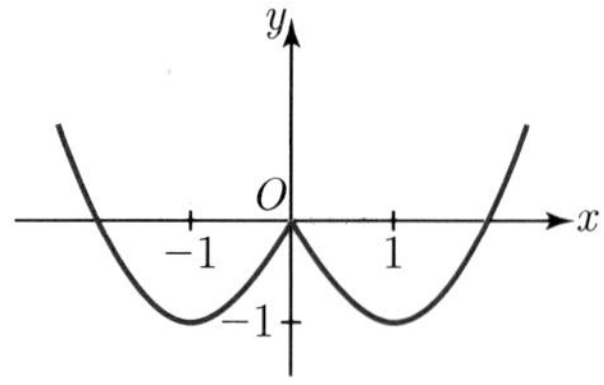

(3) 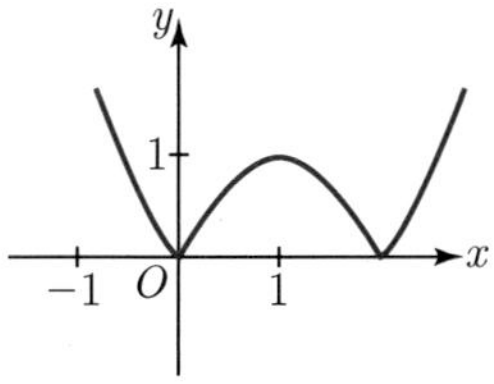

(4) 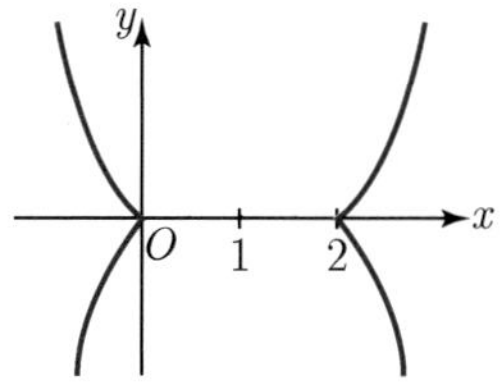

(5)

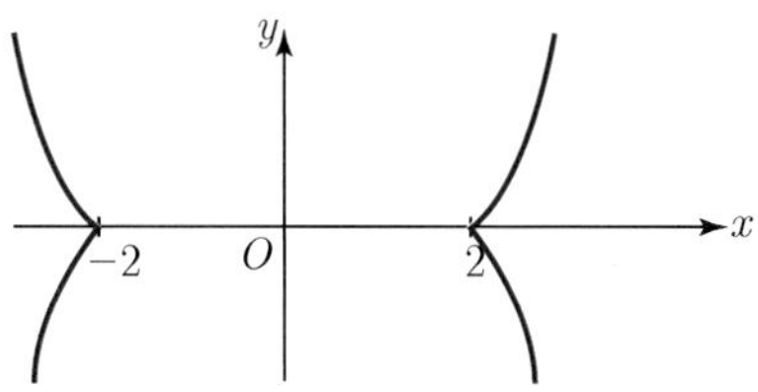

연습문제 1.6

1. (1)

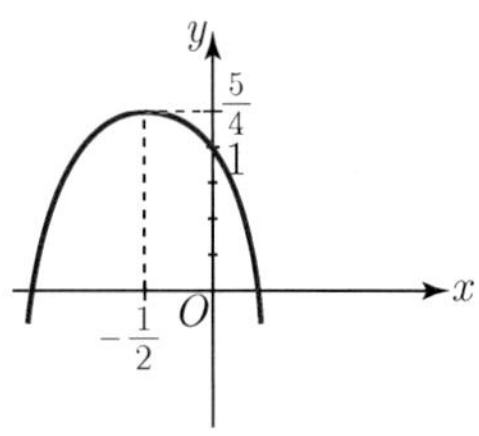

(2)

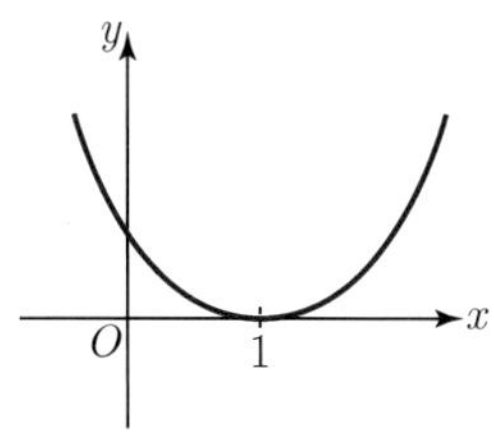

(3)

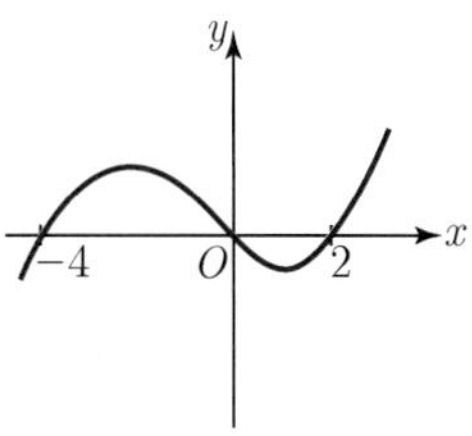

(4)

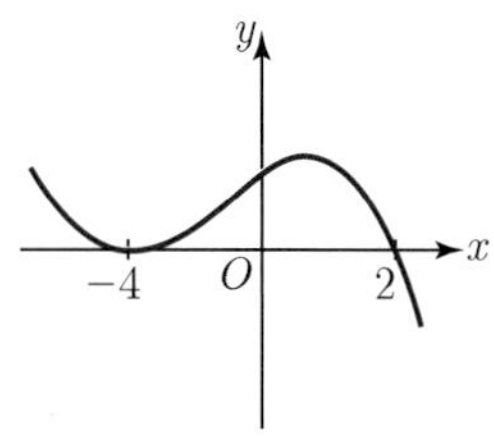

2. $a > 1$
3. $b < 10$

연습문제 1.7

1. (1)

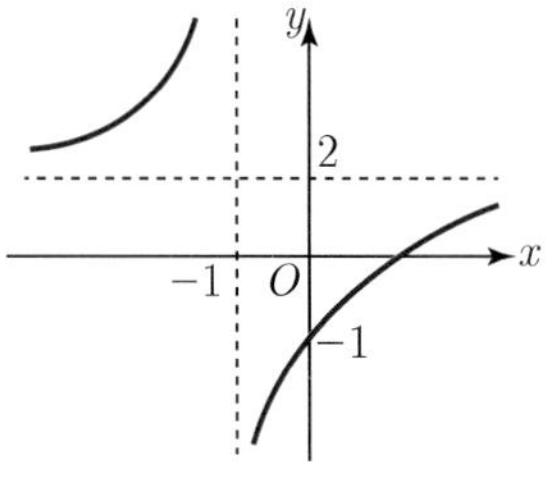

(2)

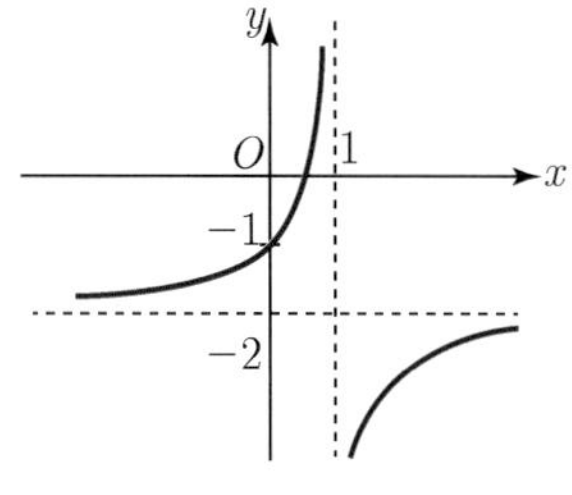

(3)

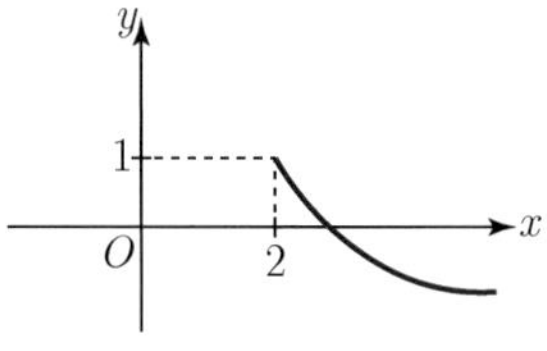

(4)

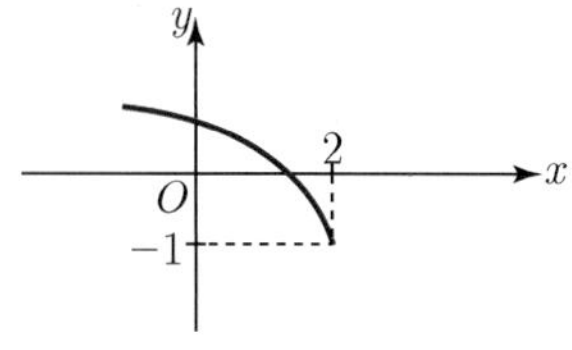

2. $x=\frac{3}{2},\ y=-2$

3. $a=-1,\ b=2$

2장 연습문제

연습문제 2.1

1. (1) $a_n=4n-16,\ S_{10}=60$

   (2) $a_n=\sqrt{2}n+3-\sqrt{2},\ S_{10}=30+45\sqrt{2}$

2. (1) $a_n=2^{n-3},\ S_{10}=\frac{1023}{4}$

   (2) $a_n=2(\sqrt{2})^{n-1},\ S_{10}=62(\sqrt{2}+1)$

3. $x=\frac{a+b}{2}$

4. $x^2=ab$

5. 780개

연습문제 2.2

1. (1) $\sum_{k=1}^{50} 2k=2550$ (2) $\sum_{k=1}^{10}(4k-1)=210$

   (3) $\sum_{k=1}^{12}(2k-1)^2=2300$ (4) $\sum_{k=1}^{11}2^{k-1}=2047$

2. (1) n^2+2n (2) $\frac{n(6n^2-3n-1)}{2}$

   (3) $\frac{n}{3n+1}$ (4) $\frac{1}{2}(\sqrt{2n+2}-\sqrt{2})$

   (5) $\frac{650}{81}$ (6) $\frac{1023}{128}$

연습문제 2.3

1. (1) 1 (2) 0

   (3) 1 (4) 3

(5) ∞ (6) -3

(7) -1 (8) 4

2. (1) $-1 < x \leq \frac{1}{3}$ (2) $x < -1,\ x \geq 5$

연습문제 2.4

1. (1) $\frac{1}{6}$ (2) 2

(3) 발산 (4) $\frac{16}{3}$

(5) $\frac{27}{29}$ (6) $\frac{3}{4-\sqrt{3}}$

(7) -2 (8) $\frac{b}{a-b}+\frac{c}{a-c}$

2. 2

3. (1) $-1 < x < \frac{1}{3}$ (2) $x < -1,\ x > 5$

3장 연습문제

연습문제 3.1

1. (1)

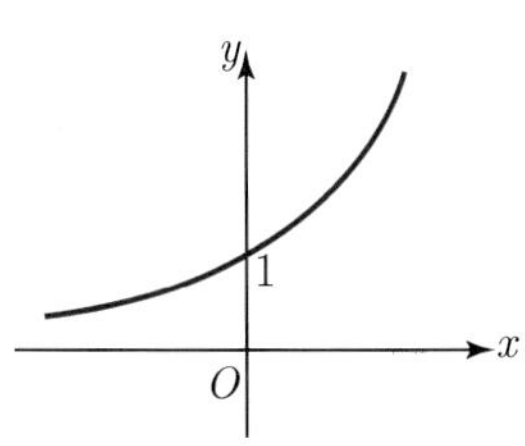

(2)

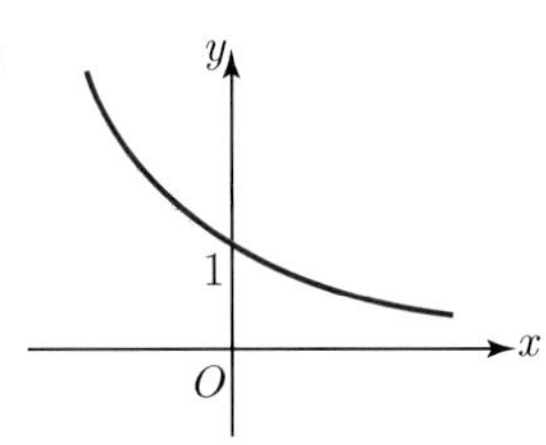

(3)

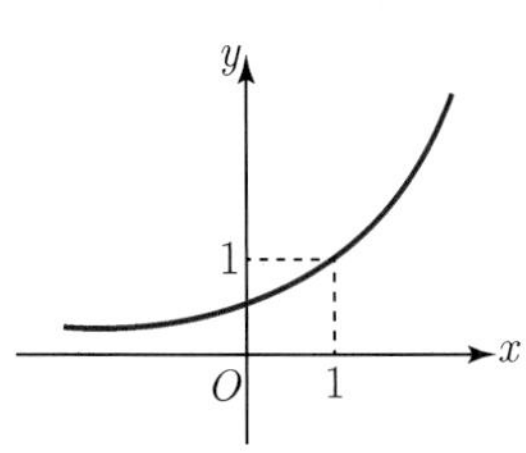

(4)

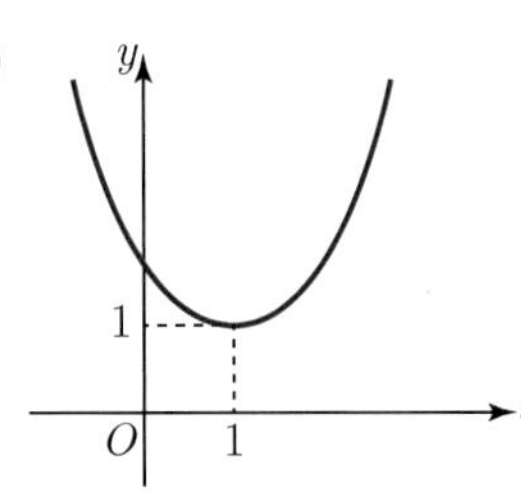

연습문제 3.2

1. (1)

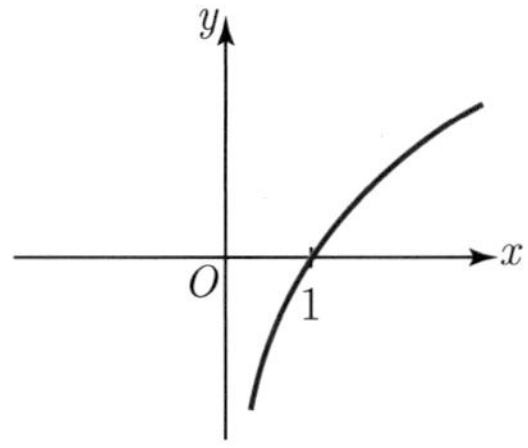

(2)

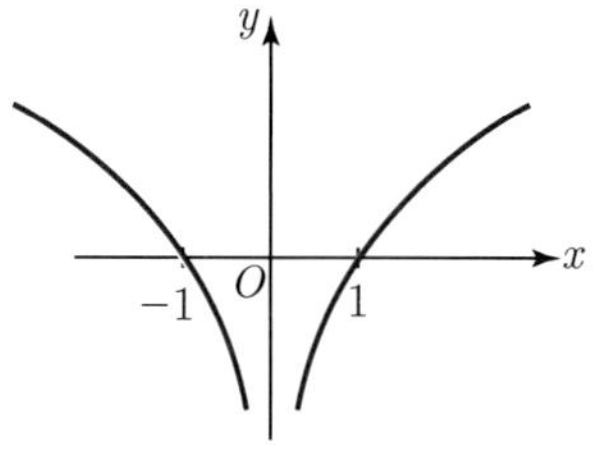

2. (1) 10 (2) $\log_7 15$

3. (1) $\log_2 xy^3$ (2) $\log_3 \frac{(x+1)^2}{\sqrt{x^2+1}}$

(3) $\ln(x+y)^2$ (4) $\ln \frac{\sqrt[3]{2x+1}(x^2+5)}{x^2-x+1}$

4. 16

5. $\frac{1}{6a^3}$

연습문제 3.3

1. (1) $x = \pm 2$ (2) $x = -\ln 4$

(3) $x = 1$ 또는 $x = \log_3 2$ (4) $x = \log_5 3$

(5) $x = 1$ 또는 $x = -2$ (6) $x = \frac{\ln 3}{2}$

2. (1) $x = 128$ (2) $x = \sqrt[7]{2}$

(3) $x = 2$ (4) $x = 2$

(5) $x = e^4 - e$ (6) $x = 6$

3. (1) $r = \frac{\ln 2}{20}$ (2) $20\frac{\ln 10}{\ln 2}$분 후

4장 연습문제

연습문제 4.1

1. (1) $\frac{16}{45}\pi$ (2) $-\frac{7}{6}\pi$

(3) $\frac{3}{4}\pi$ (4) $15°$

(5) $-120°$ (6) $315°$

2. $\frac{\pi}{3}$, $-\frac{5}{3}\pi$, $420°$; $\frac{4}{3}\pi$, $-\frac{8}{3}\pi$, $-120°$

3. $\sqrt{2}$

연습문제 4.2

1. $-\frac{4}{5}$

2. (1) $-\frac{1}{2}$ (2) $-\frac{\sqrt{3}}{2}$

   (3) $-\frac{1}{2}$ (4) $-\frac{\sqrt{3}}{2}$

   (5) $\frac{\sqrt{2}}{2}$ (6) $-\frac{\sqrt{2}}{2}$

3. (1) $10\sin\theta + 19\cos\theta$ (2) $\cos\theta$

4. $\sin\theta = \frac{3}{5}$, $\cos\theta = \frac{4}{5}$

5. -2

연습문제 4.3

1. (1) 6π (2) $\frac{\pi}{2}$

   (3) 2π (4) π

2. (1)

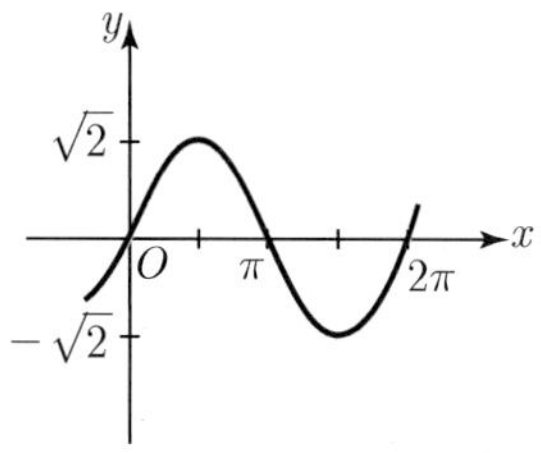

(2)

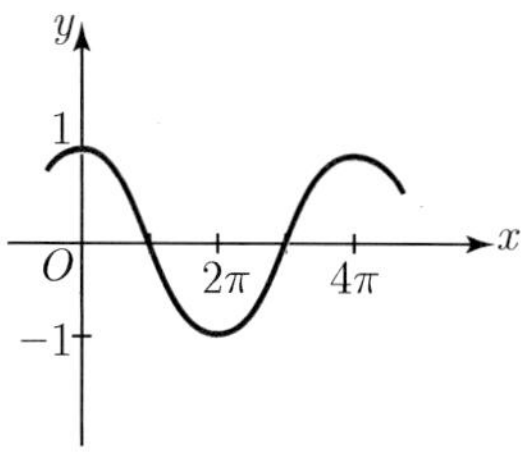

(3)

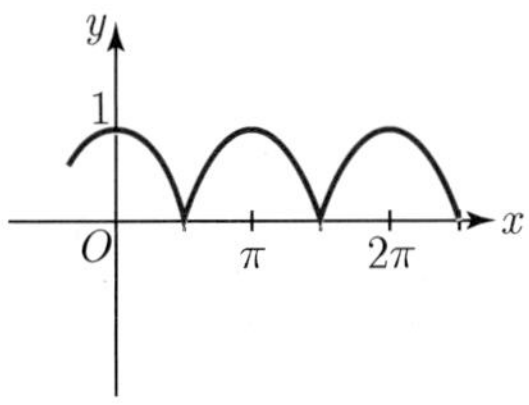

(4)

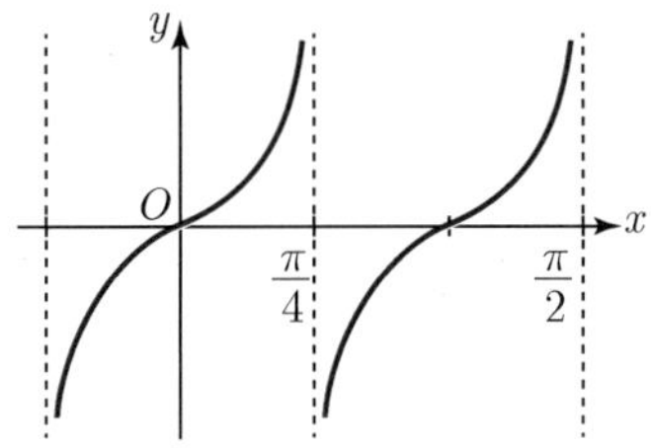

(5)

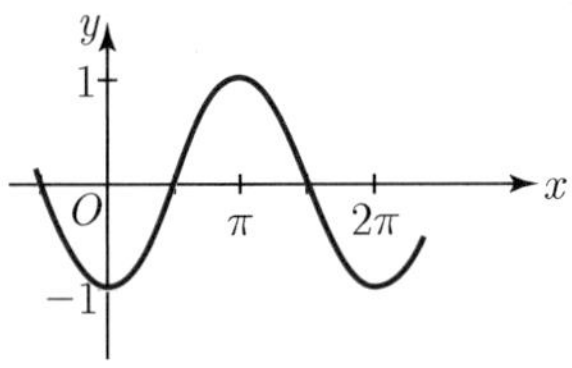

(6)

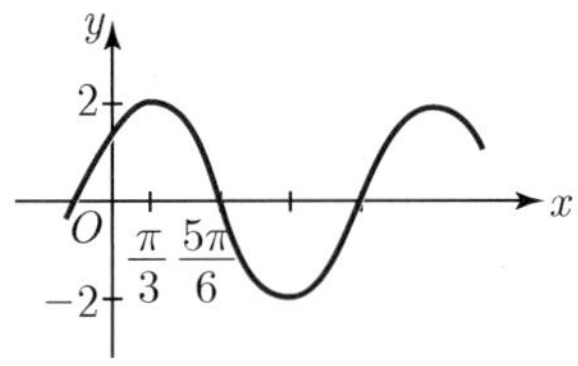

연습문제 4.4

1. $\frac{\pi}{6}$

2. $2\sqrt{2}$

3. $\sin(x+y)=\frac{\sqrt{3}}{2}$, $\cos(x+y)=-\frac{1}{2}$, $\tan(x+y)=-\sqrt{3}$

4. 덧셈정리에 의해서

$$\begin{aligned}\cos(x+y)\cos(x-y) &= (\cos x\cos y-\sin x\sin y)(\cos x\cos y+\sin x\sin y)\\ &= \cos^2 x\cos^2 y-\sin^2 x\sin^2 y\end{aligned}$$

이다. 한편

$$\sin^2 x\sin^2 y=(1-\cos^2 x)(1-\cos^2 y)=1-\cos^2 x-\cos^2 y+\cos^2 x\cos^2 y$$

이므로 대입하여 정리하면

$$\cos(x+y)\sin(x-y)=\cos^2 x-\sin^2 y$$

5. $\frac{1}{2}$

5장 연습문제

연습문제 5.1

1. (1) 7　　(2) 120

(3) -7　　(4) $\frac{1}{6}$

(5) $-\infty$　　(6) 6

(7) 12　　(8) 32

(9) 1　　(10) $-\infty$

연습문제 5.2

1. (1) $x \neq -2$인 점　　(2) $x \neq 2$인 점

(3) $x \neq 1$인 점　　(4) 모든 실수

2. (1) 4　　(2) 2

6장 연습문제

연습문제 6.1

1. (1) $\frac{1}{3}$　　(2) 8

2. (1) 0　　(2) 1

(3) -6　　(4) 3

3. (1) 0　　(2) 0

(3) -2　　(4) $6x$

(5) $2x+3$　　(6) $3x^2$

연습문제 6.2

1. (1) $f'(x)=0$　　(2) $f'(x)=0$

(3) $f'(x)=36x^{11}$　　(4) $f'(x)=x^3$

(5) $f'(x)=7$　　(6) $f'(x)=6x+5$

(7) $f'(x) = 3x^2 - 2$

(8) $f'(x) = 10x^4 - 12x^3 + 2x$

(9) $f'(x) = 14x^6 - 12x^3 - 2$

(10) $f'(x) = 12x + 1$

2. (1) 7

(2) -1

(3) 15

(4) 1

3. (1) $y = -x - 3$

(2) $y = 21x - 31$

4. $y = 3x - 1$

5. $y = -4x - 6$, $y = -12x - 14$

연습문제 6.3

1. (1) $c = 2$

(2) $c = \dfrac{1}{\sqrt{3}}$

2. $7 \le f(2) \le 9$

3. (1) $-\sqrt{3} < x < 0$ 또는 $x > \sqrt{3}$일 때 증가,

$x < -\sqrt{3}$ 또는 $0 < x < \sqrt{3}$일 때 감소

(2) $x < 1$ 또는 $x > 3$일 때 증가, $1 < x < 3$일 때 감소

(3) $x < 0$ 또는 $x > 3$일 때 증가, $0 < x < 3$일 때 감소

(4) $x < -3$ 또는 $x > 1$일 때 증가, $-3 < x < 1$일 때 감소

4. (1) 극소값 $f\left(-\dfrac{1}{2}\right) = \dfrac{11}{4}$

(2) 극대값 $f(1) = 0$, 극소값 $f(2) = -1$

(3) 극대값 $f(-1) = 5$, 극소값 $f(1) = 1$

(4) 극대값 $f(1) = 11$, 극소값 $f(3) = 7$

연습문제 6.4

1. (1)

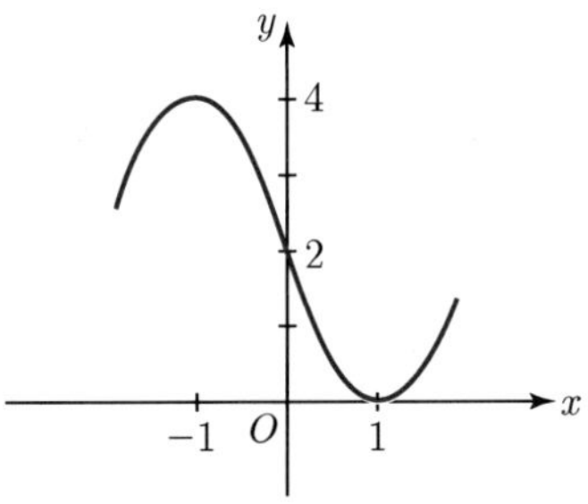

(2)

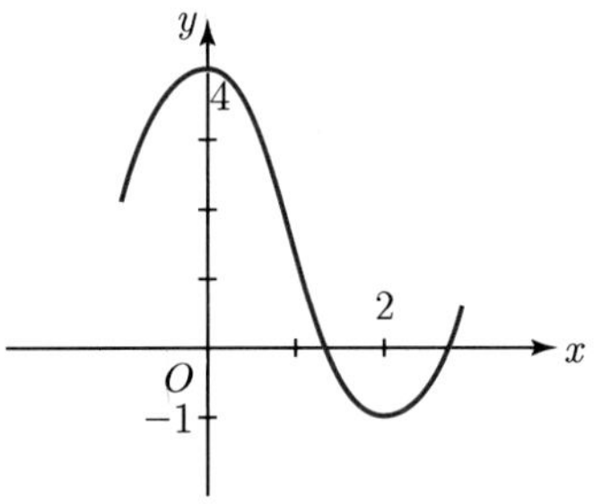

(3)

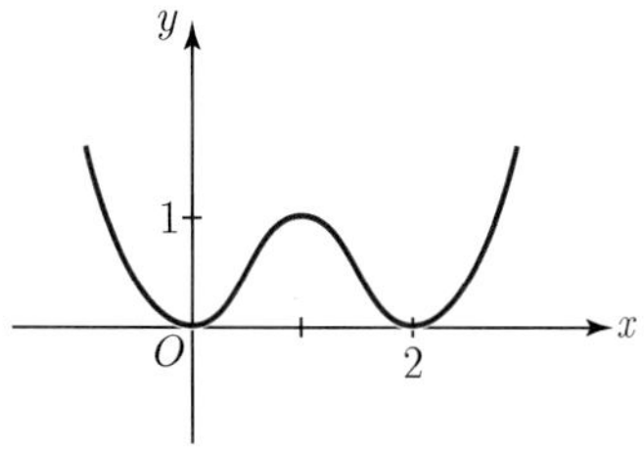

(4)

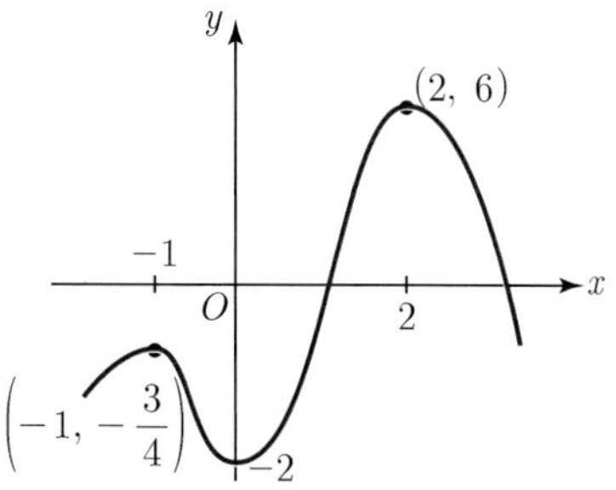

2. (1) 최대값 $f(3) = 19$, 최소값 $f(1) = -2$

(2) 최대값 $f(3) = \frac{61}{2}$, 최소값 $f(1) = -\frac{7}{2}$

(3) 최대값 $f(3) = 9$, 최소값 $f(0) = 0$

(4) 최대값 $f(1) = f(4) = 2$, 최소값 $f(-1) = -18$

3. $\frac{32}{3\sqrt{3}}$

7장 연습문제

연습문제 7.1

1. (1) $5x + C$

(2) $\frac{1}{2}x + C$

(3) $\frac{3}{5}x^5 + C$

(4) $x^3 - 3x + C$

(5) $4x^3 + 6x + C$

(6) $\frac{1}{6}x^6 + \frac{1}{2}x^3 - x + C$

(7) $\frac{1}{7}x^7 - \frac{1}{4}x^4 + x + C$

(8) $-\frac{5}{4}x^4 + \frac{1}{3}x^3 + 4x + C$

(9) $\frac{4}{3}x^3 - 2x^2 + x + C$

(10) $\frac{2}{3}x^3 + \frac{9}{2}x^2 - 5x + C$

2. (1) $f(x) = x^5 - \frac{1}{3}x^6 + 4$

(2) $f(x) = 2x^3 + x^2 + 2$

3. $f(x) = x^3 + 2x - 3$

연습문제 7.2

1. 6

2. (1) 8 (2) $-\frac{2}{3}$

3. (1) $\int_0^1 x\,dx$ (2) $\int_0^1 (1+2x)^2\,dx$

(3) $\int_0^2 (1+x)^2\,dx$ (4) $\int_0^3 x^5\,dx$

4. (1) 0 (2) 6

(3) $\frac{365}{3}$ (4) 76

(5) $\frac{20}{3}$ (6) -84

(7) $\frac{13}{3}$ (8) $-\frac{26}{3}$

(9) $-\frac{9}{4}$ (10) $\frac{55}{3}$

연습문제 7.3

1. 20

2. (1) 8 (2) 4

(2) 3 (4) $5-\sqrt{3}-\sqrt{2}$

3. (1) $\frac{32}{3}$ (2) $\frac{253}{12}$

4. (1) $\frac{9}{2}$ (2) 9

(3) $\frac{8}{3}$ (4) $\frac{9}{2}$

(5) $\frac{9}{2}$ (6) $\frac{37}{12}$

5. $24\sqrt{3}$

6. $\frac{206}{15}\pi$

7. (1) $\frac{512}{15}\pi$ (2) 8π

8. $\frac{\pi}{6}$

찾아보기

저자와의
합의하에
인지를
생략합니다.

기초수학 제2판

지은이 우경수 · 권태인 · 김석찬 · 이수철 · 김영호 · 공수련
펴낸이 조경희
펴낸곳 경문사
펴낸날 2013년 3월 5일 1판 1쇄
2023년 9월 1일 2판 1쇄
등 록 1979년 11월 9일 제1979-000023호
주 소 04057, 서울특별시 마포구 와우산로 174
전 화 (02)332-2004 팩스 (02)336-5193
이메일 kyungmoon@kyungmoon.com

값 18,000원

ISBN 979-11-6073-651-9

★ 경문사의 다양한 도서와 콘텐츠를 만나보세요!

홈페이지 www.kyungmoon.com	페이스북 facebook.com/kyungmoonsa
포스트 post.naver.com/kyungmoonbooks	블로그 blog.naver.com/kyungmoonbooks
북이오 buk.io/@pa9309	인스타그램 instagram.com/kyungmoonsa

도서 중 **정오표** 및 **학습자료**가 있는 경우 홈페이지 내 해당 도서 상세 페이지의 **자료** 탭에 업로드됩니다.